全国机械行业职业教育优质规划教材（高职高专）
经全国机械职业教育教学指导委员会审定

全国高等职业教育系列教材
工程机械类专业

工程机械运用基础

第 2 版

主　编　刘朝红　徐国新
参　编　黄　括　徐晓东
主　审　汤铭奇

机 械 工 业 出 版 社

本书主要讲述工程机械在作业过程中的使用性能，以及如何正确操作、运用及管理工程机械。主要内容包括：工程机械的主要使用性能、工程机械主要运行材料及其合理使用、典型铲土运输机械的合理使用、工程机械在各种特殊条件下的使用、工程机械管理的基础知识等。

本书以培养应用型人才为目标，理论以够用为度，密切联系生产实际。除供高职高专工程机械运用技术专业和与本专业有关的师生作教材外，也可以供相关技术人员学习参考。

本书配有电子课件，凡使用本书作为教材的教师可登录机械工业出版社教育服务网 www.cmpedu.com 注册后下载。咨询邮箱：cmpgaozhi@sina.com。咨询电话：010-88379375。

图书在版编目（CIP）数据

工程机械运用基础/刘朝红，徐国新主编．—2 版．—北京：机械工业出版社，2016.2（2023.1 重印）

全国机械行业职业教育优质规划教材（高职高专）经全国机械职业教育教学指导委员会审定　全国高等职业教育系列教材．工程机械类专业

ISBN 978-7-111-52831-9

Ⅰ．①工…　Ⅱ．①刘…②徐…　Ⅲ．①工程机械—高等职业教育—教材　Ⅳ．①TU6

中国版本图书馆 CIP 数据核字（2016）第 020453 号

机械工业出版社（北京市百万庄大街 22 号　邮政编码 100037）

策划编辑：刘良超　责任编辑：刘良超

责任校对：刘秀芝　封面设计：陈　沛

责任印制：单爱军

北京虎彩文化传播有限公司印刷

2023 年 1 月第 2 版第 5 次印刷

184mm×260mm · 8 印张 · 190 千字

标准书号：ISBN 978-7-111-52831-9

定价：27.00 元

电话服务　　网络服务

客服电话：010-88361066　　机　工　官　网：www.cmpbook.com

010-88379833　　机　工　官　博：weibo.com/cmp1952

010-68326294　　金　书　网：www.golden-book.com

机工教育服务网：www.cmpedu.com

前　言

“工程机械运用基础”是一门用科学的方法对工程机械使用的全过程进行有效的、综合性研究的专业应用型课程。本书是编者在多年的教学实践的基础上，根据工程机械运用基础课程教材编写大纲编写的。在编写过程中，编者遵照教育部高职高专教材建设的要求，紧紧围绕培养高等职业技能应用型人才的需要，从人才培养目标出发，结合实际教学，以应用为目的，以能力为本位，确定编写思路和教材特色，注重知识的应用性、可操作性，充分体现了实际、实用的特点。

本书主要内容包括：工程机械的主要使用性能、工程机械主要运行材料及其合理使用、典型铲土运输机械的合理使用、工程机械在各种特殊条件下的使用、工程机械管理的基础知识等。按照高等职业技能应用型人才的培养目标，本书在内容组织上突出了适应性、实用性和针对性，并注意了与相关课程内容的划分和衔接。

本书可作为高职高专工程机械运用技术等相关专业的教学用书，也可作为相关技术人员的参考书。

本书由辽宁科技学院刘朝红编写第一、二章及第五章第一、二节，徐国新编写第三章及第五章第三、四节，黄括编写第五章第五、六、七、八节，山东唐骏欧铃汽车制造有限公司徐晓东编写第四章。全书由刘朝红统稿、修改并定稿。

本书由辽宁科技学院汤铭奇教授担任主审，他仔细、认真地审阅了全部书稿，提出了许多宝贵的意见和建议，在此表示衷心感谢。

本书在编写过程中，参阅了多篇相关文献，在此，编者对相关作者表示真诚的谢意。

由于编者水平有限，书中难免存在缺点和错误，敬请广大读者批评指正。

编　者

目　录

第一章

工程机械使用性能

本章提要

本章重点介绍工程机械的行驶原理、动力性能、燃油经济性能、制动性能、作业稳定性能、机动性能和操纵舒适性能等主要使用性能及各种性能的影响因素。通过学习，学生应能利用相应的评价指标对工程机械的技术使用性能进行科学的判断和评价，为在后续课程中学习工程机械的合理配备、正确使用、合理维护、科学检测和及时修理等内容奠定基础。

第一节　工程机械行驶原理

无论是轮胎式还是履带式的自行式工程机械，都是将发动机的动力经过传动系传到轮胎或履带上以后，借助于它们与地面的相互作用产生驱动力 F_K 克服各种行驶阻力 F_f 而行走的，如图 1-1 所示。通常，将产生驱动力的车轮或链轮称为驱动轮，将不产生驱动力的车轮称为从动轮。从发动机传到驱动轮的力矩称为驱动力矩 M_K。

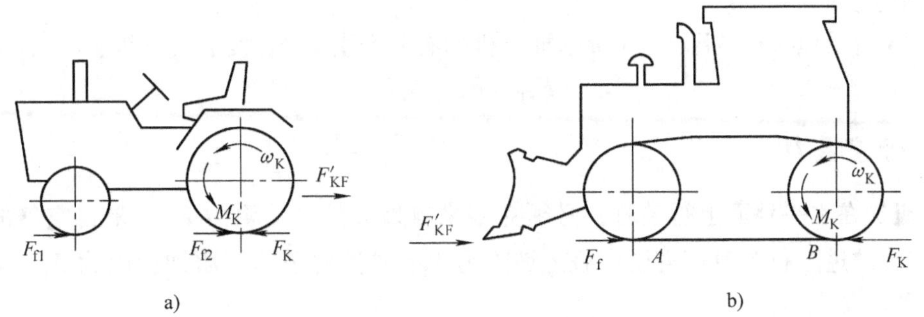

a)　　　　　　　　b)

图 1-1　工程机械行驶原理图

a）轮胎式拖拉机　b）履带式推土机

一、驱动力和有效牵引力

在图 1-1a 所示的轮式拖拉机在水平地面上等速行驶时的原理简图中，其后轮为驱动轮，前轮为从动轮。图中未画拖拉机在垂直方向的受力（包括机器重力和地面对轮胎在垂直方向的反力)。发动机输出的力矩 M_e，经过传动系传到驱动轮上，成为作用于驱动轮的力矩 M_K，它产生一个对地面的圆周力 F'_K。地面也同时产生一个作用于驱动轮上的反作用力 F_K，这个反作用力 F_K 就是推动机械前进的驱动力。驱动力 F_K 也可称为切线牵引力。图 1-1b 所示为履带式推土机的受力情况。

轮式机械驱动力可按下式计算：

$$F_K = \frac{M_K}{r_d} = \eta \frac{M_e i}{r_d}$$

式中　F_K——驱动力；

M_K——驱动轮的输出力矩；

M_e——发动机输出的力矩；

r_d——轮式机器驱动轮的动力半径，为车轮中心到驱动力 F_K 之间的距离；

η——传动系统的效率，对机械传动即机械效率 η_m；对液力机械传动，应记入液力变矩器（或液力耦合器）的效率；对液压传动，还应考虑液压系统的效率；

i——传动系（从发动机到驱动轮）的总传动比。

履带式机械由于要考虑行走装置的效率，通常将驱动力公式写成：

$$F_K = \eta_q \frac{M_K}{r_K} = \eta_q \eta \frac{M_e i}{r_K}$$

式中　η_q——履带驱动段的效率，通常取 0.95～0.96；

r_K——履带式机器驱动轮的动力半径。

机械向前行驶时，还要克服车轮（或履带）所承受的行驶总阻力 $\sum F$，机械所驱动的作业机械（如：挂车、推土铲等）所产生的牵引阻力 F'_{KF}。对于有多个车轮（或履带）的机械，行驶总阻力 $\sum F$ 应该为所有车轮（或履带）所承受阻力的总和。

从机械的所有驱动装置（驱动轮或履带）所产生的总驱动力中，减去该机械所有行走装置所承受的总行驶阻力 $\sum F$，就是整台机器可以对外输出的牵引力，通常称为有效牵引力 F_{KF}。由于有效牵引力通常是从机械后面的牵引钩（挂钩）上测得的，有时也将有效牵引力称为挂钩牵引力。

图 1-1a 所示拖拉机或图 1-1b 所示推土机的有效牵引力 F_{KF} 按下式计算：

$$F_{KF} = F_K - \sum F$$

二、行驶阻力

工程机械在水平路面上行驶时，必须克服来自地面的滚动阻力 F_f 和来自空气的空气阻力 F_W，当在坡道上行驶时还需要克服上坡阻力 F_i，加速时还需克服加速阻力 F_j。因此，工程机械行驶的总阻力为

$$\sum F = F_f + F_W + F_i + F_j$$

上述诸阻力中，滚动阻力和空气阻力是在任何行驶条件下均存在的，上坡阻力和加速阻力仅在一定行驶条件下存在，在水平道路上等速行驶时就没有加速阻力和上坡阻力。

1. 滚动阻力

滚动阻力是当车轮或履带在道路上滚动时，两者之间相互作用力以及轮胎和支撑面变形所产生能量损失的总和。

轮式工程机械产生滚动阻力的原因主要有以下几个方面：

1）当车轮在土壤上滚动时，土壤被压实形成轮辙，形成轮辙的过程要消耗能量。

2）轮胎弹性轮缘部分产生变形，变形部分发生内摩擦，消耗一部分能量，这部分能量变成了热能，使轮胎发热。

3）当轮胎滚动时，轮胎与土壤间存在摩擦，轮胎变形部分离开支承面时，土壤与轮胎之间有黏着作用，这些都会引起能量消耗。

上述的能量消耗，从力学角度来看，就是工程机械行驶时需克服的滚动阻力。

当轮胎壁刚度大而充气压力又高的高压轮胎在松软的土壤中滚动时，第一项损失是主要的，第二项损失占全部损失的10%～15%，而第三项损失所占比例很小。当低压轮胎在硬路面上滚动时，则第二项损失占主要部分，第一、三两项损失很少。

履带式工程机械行驶时产生滚动阻力的原因有以下两点：

1）履带压实土壤，形成轨辙，消耗一部分能量。

2）履带行走机构内部的各种摩擦损失，由于预张紧力产生的摩擦损失、支重轮转动时其轴承的摩擦损失、支重轮在履带上滚动时的滚动阻力损失等。

影响滚动阻力的因素很多，如行走装置的负荷、行走装置的结构类型和工作状态、地面的力学特性等。抓住滚动阻力主要决定于机器的使用重量这一点，工程上常用以下的简化公式计算滚动阻力：

$$F_f = fG_s$$

式中　F_f——滚动阻力；

G_s——机械的使用重量；

f——滚动阻力系数，其数值与行走机构类型、地面的力学特性等有关，一般用试验测定，表1-1所列为几个常见工况时的滚动阻力系数。

表1-1　常见工况时的滚动阻力系数

路面土质＼机型	轮胎式	履带式
混凝土	0.018	0.05
冻结冰雪地	0.023	0.03～0.04
砾石路	0.029	—
坚实土路	0.045	0.07
松散土路	0.070	0.10
泥泞地、沙地	0.09～0.18	0.10～0.15

2. 空气阻力

空气阻力是由于工程机械高速行驶时，风力以及机械与空气之间有相对运动的摩擦和涡流损失造成的。它的大小主要与空气密度、机械的外形以及行驶速度等有关。空气阻力的合力 F_W 作用在机器迎风面的形心上，但为计算方便，通常假定作用在机械的重心位置上，其值可用下式计算：

$$F_W = KSv^2$$

式中　S——机械正面的投影面积；

v——行驶速度；

K——空气阻力系数，与机械的外形有关，由试验确定。

履带式工程机械，由于其行驶速度较低，空气阻力的值较小，通常忽略不计。对于汽车起重机、翻斗车等，在高速行驶时，空气阻力系数可取 $K=0.0045\mathrm{N/(m^2 \cdot km \cdot h^{-2})}$。

3. 坡道阻力

坡道阻力是工程机械爬坡时，由于整机的重量产生的沿路面方向的阻力。由图1-2可见，机械在上坡时，其自身重力 G_s 可分解为垂直于路面的分力 $G_s\cos\alpha$ 和平行于路面的分力 $G_s\sin\alpha$ 两个部分。因此，工程机械上坡时应该克服的坡道阻力 F_i 为

$$F_i = G_s\sin\alpha$$

式中　α——坡度角。

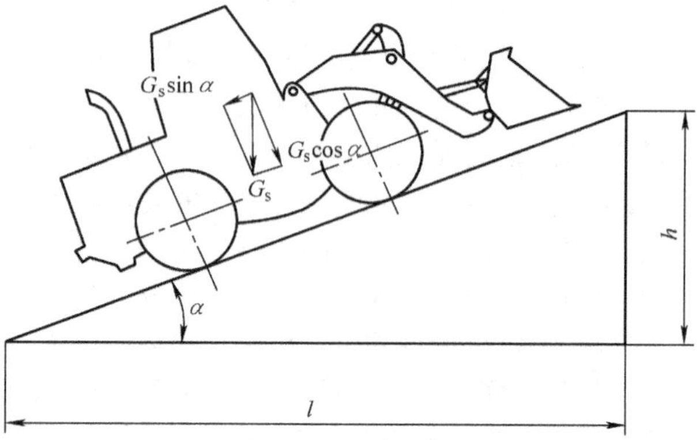

图1-2　轮式机械的坡道阻力

道路经常用其坡度 i 表示其表面倾斜的程度。坡度为坡道的垂直距离 h 与水平距离 l 的比值，这实际上是坡度角的正切值。即

$$i=\frac{h}{l}=\tan\alpha$$

应当指出，当机械下坡时，$G_s\sin\alpha$ 的方向与行驶方向相同，这时的 F_i 不是阻力而是动力。

4. 加速阻力

工程机械加速行驶时，需要克服其加速运动时的惯性力，就是加速阻力 F_j。为便于计算，通常把工程机械的质量分为平移质量和旋转质量两部分。加速时不仅平移的质量产生惯性力，旋转的质量还要产生惯性力偶矩。为便于计算，一般把旋转质量的惯性力偶矩转化为平移质量的惯性力，并以系数 δ 作为计入旋转质量惯性力偶矩后的工程机械质量换算系数，因而工程机械加速阻力 F_j 可写成：

$$F_j=\delta\frac{G_s}{g}\frac{\mathrm{d}v}{\mathrm{d}t}$$

式中　δ——工程机械旋转质量换算系数，$\delta>1$；

G_s——工程机械重量；

g——重力加速度；

$\frac{\mathrm{d}v}{\mathrm{d}t}$——行驶加速度。

δ 主要与飞轮的转动惯量、车轮的转动惯量以及传动系的传动比有关。

三、工程机械行驶条件

工程机械的驱动力越大，加速性能越好，爬坡能力越强，作业能力越强。不过，这个结论只在轮胎或履带与地面间有足够大的附着力时才成立。在潮湿松散地面上附着性能差时，大的驱动力可能引起车轮在地面上打滑。因此，工程机械的动力性能不只受驱动力的制约，它还受轮胎或履带与地面间附着条件的限制。

地面对轮胎或履带切向反作用力的极限值，称为附着力 F_{φ}，常写成：

$$F_{\varphi}=\varphi G_{\varphi}$$

式中　F_{φ}——附着力；

φ——附着系数（见表 1-2），它是由轮胎或履带和地面决定的；

G_{φ}——机械的附着重量，为作用于驱动轮或履带上的机械重量。

综上所述，工程机械在水平地面上行驶的充分必要条件可表示为

$$F_{\varphi}\geqslant F_{K}\geqslant F_{KF}+\sum F$$

由此可见，要使行走式机械有较强的牵引能力，除了要设计机械的内部参数外，还应设法增加机械的附着力 F_{φ}，减小机器的行驶总阻力 $\sum F$。

表 1-2　不同路面的附着系数 φ

机型 路面土质	轮胎式	履带式
混凝土	0.90	0.45
干黏土	0.55	0.90
湿黏土	0.45	0.70
压实黏土	0.40	0.70
干沙土	0.20	0.30
湿沙土	0.40	0.50
石块	0.65	0.55
松散砾石	0.36	0.50
压实雪地	0.20	0.25
冰	0.12	0.12
坚实土路	0.55	0.90
松散土路	0.45	0.60
煤场	0.45	0.60

第二节　工程机械动力性

动力性能是反映工程机械以不同档位行驶时，所具有的加速性能及所能达到的最大行驶速度和爬坡能力。动力性能好坏直接影响着工程机械的生产效率。

一、运行速度

1）最高行驶速度：工程机械在良好路面上所能达到的最高前进速度。

2）工作速度：工程机械进行实际作业时的前进速度。

机械的行驶速度越高，其机动性越高，转移工地方便，但使用时不能一味地追求最高车速。高速机械的平顺性要求高，而行驶平顺性高的机械在作业时往往稳定性较差，使用时机械的最高车速应该根据其具体情况决定。

轮胎式机械一般采用较高的行驶速度。对于经常行驶于正规公路上的机械（如轮胎起重机、道路清扫机），其最高行驶速度应该与汽车接近，最好达到高速公路的行驶要求；对

于主要行驶于工地上，而且作业速度较高的机械（如：轮式装载机），其最高行驶速度通常设计为40km/h左右；作业速度较低的机械（如：路拌式稳定土拌和机、沥青路面铣刨机）时，由于这类机械的工作速度通常小于1km/h，其最高行驶速度一般设计为小于20km/h；履带式机械的行驶速度通常设计为小于15km/h。

二、爬坡性能

爬坡性能通常指工程机械在良好路面上挂最低档时最大的爬坡角，可以由下式计算：

$$\sin\alpha = \frac{F_K - (F_f + F_W)}{G_s}$$

最大爬坡角还要受到稳定性、发动机功率、附着性能等其他因素的影响。最大爬坡角也不是越大越好，实际设计中，推土机、装载机等的最大爬坡角通常为25°~30°。城市货车要求能在坡度为30%的坡道上以37km/h的速度行驶。对于稳定性较差的机械（如转子后置式稳定土拌和机），最大爬坡角可以设计为15°左右。

三、加速性能

工程机械加速时，需要克服其质量加速运动时的惯性力，这个惯性力就是加速阻力 F_j。机械的质量有平移质量和旋转质量两部分，在加速时，平移质量要产生惯性阻力，旋转质量也会产生惯性阻力矩。为了计算方便，一般将旋转质量的惯性阻力矩略去不计。因此，机械的行驶加速度 j 为

$$j = \frac{dv}{dt} = \frac{F_j}{m}$$

式中　m——整机质量。

工程机械的加速性能还与发动机性能有关，一般来说，速度增加时，发动机的输出转矩要减小。

第三节　工程机械燃油经济性

燃油使用经济性是工程机械的主要使用性能之一，它是指在一定的使用条件下工程机械的燃油消耗量。燃油消耗在工程机械的使用成本中占有相当大的比重，减少其燃油消耗可以有效地降低工程施工成本。从广义上说，节省燃油对国民经济的发展有着十分重要的意义。工程机械大体上分为运输机械和施工机械两大类，由于两类机械作业工况不同，其燃油使用经济性的考核办法亦不同。

一、施工机械燃油经济性

1. 比油耗量

施工机械是以比油耗量 g_{KP} 作为燃油使用经济性评价指标的。比油耗量 g_{KP}[g/(kW·h)]是指施工机械作业时每输出单位千瓦小时功率所消耗的燃油量，即：

$$g_{KP} = \frac{1000G_T}{P_{KP}}$$

式中 G_T——施工机械的小时耗油量，单位为kg/h；

P_{KP}——施工机械的牵引功率，单位为kW。

若用发动机输出功率来表示施工机械的牵引功率，则上式可写成：

$$g_{KP}=\frac{1000G_T}{P_e\eta_{KP}}=\frac{g_e}{\eta_{KP}}$$

式中 P_e——发动机有效功率，单位为kW；

η_{KP}——施工机械的牵引效率；

g_e——发动机耗油率，单位为g/(kW·h)。

由上式可知，施工机械的比油耗量与发动机的耗油率及其行走机构的牵引效率有关。因此，欲提高施工机械的燃油使用经济性，必须提高发动机的燃油使用经济性和施工机械的牵引效率。

2. 发动机的燃油经济性

这与发动机的最低耗油率、耗油率特性、负荷不均匀性等有关。

图1-3是柴油机耗油曲线。通常，柴油机最低耗油率位于标定转矩附近。柴油机最低耗油率越小以及柴油机在标定转矩附近工作时则越经济。然而，由于施工机械的载荷在较大范围内变动，因此，若柴油机耗油率曲线平缓，则可以使柴油机以及施工机械具有较好的燃油使用经济性。

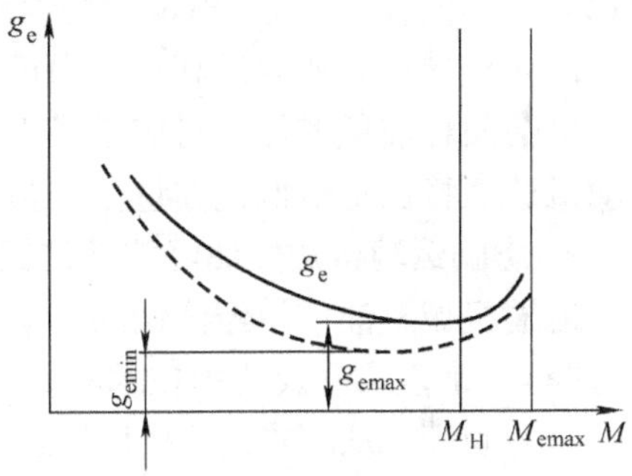

图1-3 柴油机耗油率曲线

柴油机在小负荷范围内运转时其耗油率随负荷的降低而增加。因此，结合施工机械作业的特点，应尽可能使柴油机在中等负荷及较大负荷下工作。

实验表明，施工机械作业的载荷变化使柴油机负荷发生较大的变动，其动力性、燃油使用经济性降低，这是由于柴油机摩擦损失增加以及燃烧过程变坏所致。

3. 施工机械的牵引效率

施工机械的牵引效率 η_{KP} 与机械的传动系、行走机构的结构、使用技术、调整保养和作业条件等有关。因此，应从改进结构，提高维护质量，正确操作等方面着手来提高机械的牵引效率，进而提高其燃油使用经济性。

二、运输机械燃油经济性

1. 运输机械燃油使用经济性的基本评价指标

评价运输机械燃油经济性的指标是，运输机械完成单位运输工作量时燃油消耗量。对于装载质量一定（或相同）的运输机械用百千米燃油消耗量作为经济性指标；对于不同装载质量的运输机械，可用吨千米燃油消耗量作为经济性指标。

百千米燃油消耗量表达式为

$$Q_s=\frac{100G_T}{v_s}$$

式中 Q_s——百千米燃油消耗量，单位为kg/（100km）；

G_T——发动机小时耗油量，单位为 kg/h；

v_s——运输机械平均车速，单位为 km/h。

将 $g_e = 1000G_T/P_e$ 代入上式后得

$$Q_s = \frac{g_e P_e}{10v_s}$$

由上式可得运输机械吨千米燃油消耗量：

$$Q_G = \frac{Q_s}{G} = \frac{g_e P_e}{10Gv_s}$$

式中　Q_G——吨千米燃油耗油量，单位为 kg/（t·km）；

G——运输机械的装载质量，单位为 t。

运输机械实际燃油经济性的指标 Q_s 一般通过模拟工况试验测得。

2. 经济车速

运输机械等速行驶耗油量 Q_s 随车速的改变而变化——经济特性 $Q_s = f(v)$，如图 1-4 所示。

运输机械行驶速度过高时，因机械损失增大使耗油量增加；行驶速度过低时因运行时间延长也会使耗油量增加。对应于最低耗油量下的车速 v_0 称为经济车速。经济车速大体上与发动机速度特性中最低耗油量（区域）的转速相对应。

3. 影响运输机械燃油经济性的因素分析

运输机械燃油使用经济性的影响因素主要有负荷选取（机械的载荷、发动机负荷、档位选择）、维修质量及使用技术等。

（1）负荷　从轮式运输机械的经济特性可知，运输机械满载、直接档以经济车速 v_0 行驶时 Q_s 最小，其主要原因是发动机在中等偏大的负荷下运转、燃油使用经济性好；同时，由于用直接档带动驱动轮，传动系机械效率提高，并且具有较高的行驶速度，因而其动力性和燃油经济性都较好。轮式运输机械的耗油量与档位、车速间的关系如图 1-5 所示。

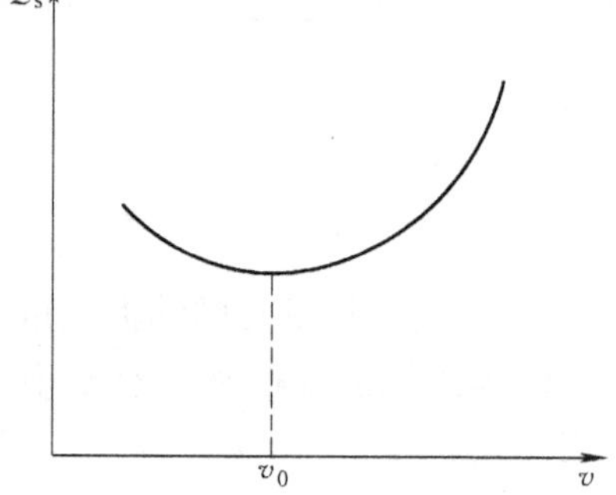

图 1-4　运输机械经济特性

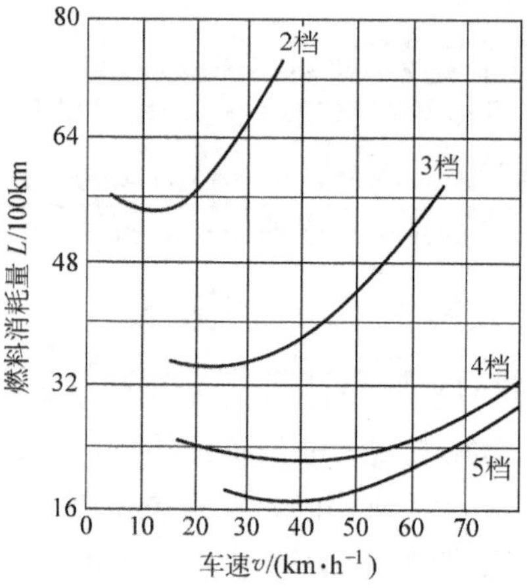

图 1-5　轮式运输机械耗油量与档位、车速的关系

轮式运输机械往往受公路工程施工现场的道路条件限制，常常难以高速行驶，使单位运

输生产率降低，耗油量相对提高。在此情况下，若采用拖挂运输，或选用大吨位的运输机械等提高单位车辆质量的载荷方法，可明显提高运输机械的燃油使用经济性。

（2）保养与维护　若轮式运输机械出现传动系齿轮啮合间隙过小，轴承、油封过紧，转向轮定位失准，轮胎气压过低，制动器间隙过小等现象，均会使机械的实际输出的牵引力和牵引功率降低，燃油消耗量增加。试验表明，轮式运输机械以 30km/h 的车速滑行，若滑行距离由 200m 增加到 250m 时，其耗油量可减少 7%。因此生产、施工单位常利用滑行距离来检查、评定轮式运输机械的保养、维修质量。

（3）使用技术　正确操作发动机的起动、预热，机械的起步与档位选择，控制发动机的正常工作温度（冷却水温度 80～95℃、润滑油温度 60℃左右），机械的负荷、车速、制动等均可减少轮式运输机械的燃油消耗，提高其燃油经济性。

保持发动机中速偏高、中等偏大负荷运转，保持机械在略高于经济车速下运行，是提高轮式运输机械燃油经济性的主要技术措施之一。

在道路条件较好、行驶距离较长的运输作业中，在保证行车安全的前提下，采用加速—滑行法行驶可节省轮式运输机械的燃油消耗。这是因为轮式运输机械行驶时多数情况下其发动机负荷不大，此时的耗油率偏高，加速—滑行法使发动机先中等偏大负荷运转，随后怠速运转，使其耗油率降低。因此，加速、滑行交替进行是轮式运输机械降低燃油消耗的有效措施之一。

第四节　轮式机械的制动性

轮式机械行驶时能在短距离内停车且维持行驶方向稳定性和下坡时能维持一定车速的能力称为轮式机械的制动性。

轮式机械的制动性是轮式机械的重要性能之一。制动性直接关系到行车安全和运输生产率，重大行车事故往往与制动距离长、制动时侧滑等情况有关，只有在轮式机械具有良好的制动性能时，才能在保证安全的前提下提高车速，充分发挥其动力性，获得较高的生产率。

一、制动性的评价指标

轮式机械的制动性主要由下列三方面来评价：

1）制动效能，即制动距离与制动减速度。

2）制动效能的恒定性，即抗衰退性能。

3）制动时轮式机械的方向稳定性，即制动时轮式机械不发生跑偏、侧滑以及失去转向能力的性能。

制动效能是指轮式机械迅速降低车速直至停车的能力，它是制动性能最基本的评价指标。轮式机械高速行驶或下长坡连续制动时制动效能保持的程度称为抗热衰退性能。因为制动过程中轮式机械的动能转换为热能，所以制动器温度升高后能否保持冷状态时的制动效能已成为使用制动器时要注意的一个重要问题。此外，轮式机械涉水行驶后制动器还存在水衰退问题。制动时轮式机械方向的稳定性，常用制动时轮式机械按给定路线行驶的能力来评价。若制动时发生跑偏、侧滑或失去转向能力，则轮式机械将偏离原来的行驶路线和方向。

二、制动时车轮受力分析

轮式机械受到与行驶方向相反的外力时，才能降低车速或停车。这个外力是由地面和空气提供的，但由于空气阻力较小，所以实际上外力是由地面提供的，我们称之为地面制动力。地面制动力越大，制动减速度越大，制动距离也越短，所以地面制动力对轮式机械制动性具有决定性的作用。

1. 地面制动力

图1-6表示了在良好路面上轮式机械制动时车轮的受力状况。图中忽略了滚动阻力矩和减速时的惯性力、惯性力矩。M_{μ} 是车轮制动器中摩擦力矩；F_{Xb} 是地面制动力；W 为车轮垂直载荷；F_p 是车身对车轮的推力；F_Z 为地面对车轮的法向反作用力。

从力矩平衡得：

$$F_{Xb}=M_{\mu}/r$$

式中　r——车轮半径。

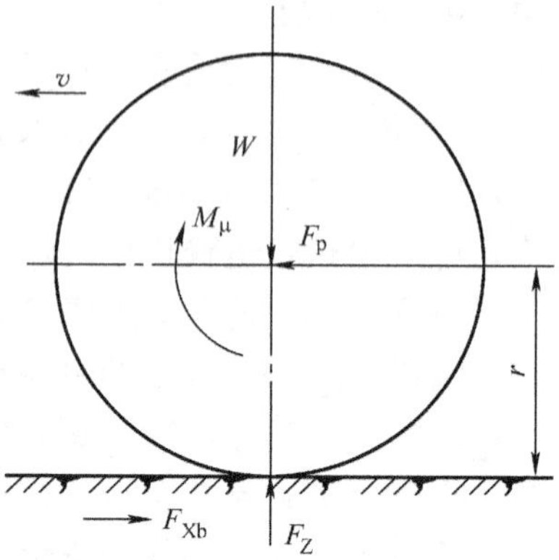

图1-6　车轮在制动时的受力状况

地面制动力的大小取决于制动器内制动摩擦片与制动鼓或制动盘间的摩擦力，以及轮胎与地面间的附着力。

2. 制动器制动力

在轮胎周缘克服制动器摩擦力所需的力称为制动器制动力，以符号 F_{μ} 表示。它相当于车轮悬空时，并踩住制动踏板，在轮胎周缘沿切线方向转动车轮所需的力。

$$F_{\mu}=M_{\mu}/r$$

式中　M_{μ}——制动器的摩擦力矩。

制动器的制动力不仅取决于制动器的型式、结构尺寸、制动器摩擦副的摩擦系数以及车轮半径，并与制动踏板力、制动系的液压或气压成正比。

3. 地面制动力、制动器制动力、附着力之间的关系

1）当制动踏板力较小时，制动器摩擦力矩不大，车轮滚动，地面与轮胎间的摩擦力即为地面制动力。此时地面的制动力等于制动器制动力，$F_{Xb}=F_{\mu}$，它是随踏板力的增长成正比例地增长，如图1-7所示。

2）当车轮抱死拖滑时，地面的制动力 F_{Xb} 达到最大值，$F_{Xbmax}=F_{\varphi}$。

由此可见，轮式机械的地面制动力首先取决于制动器制动力，同时又受地面附着条件限制。所以，只有足够的制动器制动力，同时地面又能提供大的附着力时才能获得足够的地面制动力。

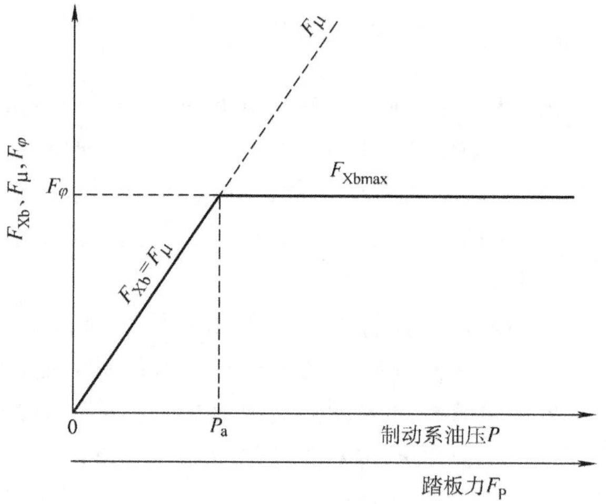

图1-7　地面制动力、制动器制动力、附着力之间的关系

三、轮式机械的制动效能

评定制动效能的指标是制动力 F_{Xb}、制动距离 s 和制动减速度 j_{max}。

1. 制动力 F_{Xb}

用制动力来评价工程机械制动效能，揭示了制动产生的真正原因，能很好地对制动系统进行评价。对轮式机械可以进行空载制动力和满载制动力评价，能对前后轴制动力的合理分配及每轴两轮制动力差进行评价，同时借助这一指标可以分析制动系统的相关特性。

2. 制动距离 s

制动距离与轮式机械的行驶安全有直接的关系，它指的是在规定的道路条件下，轮式机械在规定的初速度下急踩制动时，从驾驶员踏制动踏板开始到轮式机械停住为止所驶过的距离。制动距离与制动踏板力以及路面附着条件有关。制动距离与制动器的状况也有密切的关系，若无特殊说明，一般制动距离是在冷试验（制动器温度100℃以下）的条件下测得的。由于各种轮式机械的动力性不同，对制动效能的要求也不同，一般轻型运输车行驶车速高，要求制动效能也高；重型运输车行驶车速低，对制动效能的要求就低一些。

3. 制动减速度 j

对某一具体轮式机械而言，制动减速度与地面制动力是等效的。因此也常用制动减速度作为评定制动效能的指标。

制动减速度与制动器制动力（车轮滚动时）及附着力（车轮抱死拖滑时）有关。

1）车轮滚动时，$j=\frac{g}{\delta G_s}F_{Xb}$。

2）车轮抱死拖滑时，$\delta=1$，$F_{Xb}=F_{\varphi}=G_s\varphi$，故轮式机械能达到的减速度为 $j_{max}=\varphi g$。

四、轮式机械制动效能的恒定性

轮式机械在繁重的工作条件下制动时（如在下长坡时，制动器要长时间连续地做较大强度的制动）制动器温度常在300℃以上，有时高达600～700℃。在制动器温度较高时，制动效能将有所下降。制动效能的恒定性主要指的是抗热衰退性能。

抗热衰退性能与制动器摩擦副材料及制动器结构有关。一般制动器是以铸铁作制动鼓与制动盘的材料，石棉摩擦材料作摩擦衬片。正常制动时（摩擦副的温度在200℃左右）摩擦副的摩擦系数约为0.3～0.4，温度超过200℃时，摩擦系数将明显降低。

制动器的抗热衰退性能还与制动器的结构形式有密切关系。常用制动效能因数与摩擦系数的关系曲线来说明各种类型制动器效能及其稳定程度，如图1-8所示。制动效能因数是单位制动泵推力 F_P 所产生的制动器摩擦力，即 $K_{ef}=F_u/F_P$。

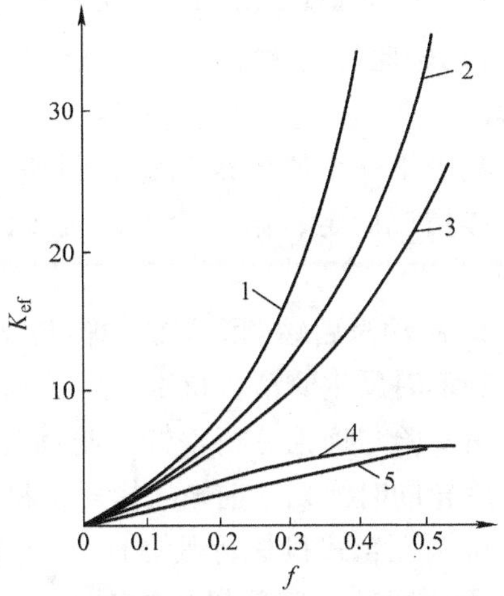

图1-8　制动效能因数曲线

1—双向自动增力蹄式制动器

2—双增力蹄式制动器

3—增、减力蹄式制动器

4—双减力蹄式制动器

5—盘式制动器

由图可知，双向自动增力蹄式及双增力蹄式制动器，由于结构上的几何力学关系产生增力作用，具有较大制动效能因数。摩擦系数变化时制动效能按非线性关系迅速改变。因此，摩擦系数的微小的改变，能引起制动效能大幅度变化，即制动器的稳定性差。双减力蹄式制动器情况与之相反。增、减力蹄式制动器介于两者之间。盘式制动器的制动效能没有鼓式制动器大，但其稳定性好。这是近年来盘式制动器广泛采用于重型矿用车的原因。

轮式机械涉水运行时水进入制动器，短时间内制动效能的降低称为水衰退。轮式机械涉水运行后待水衰退现象消除时方可高速行驶。

五、轮式机械的制动稳定性

轮式机械制动过程中有时会出现制动跑偏、前后轴侧滑或前轮失去转向能力，甚至发生危险情况。一般称制动过程中维持直线行驶或按规定弯道行驶的能力称为制动时轮式机械的方向稳定性。

制动时轮式机械自动向左或向右偏驶称为制动跑偏。测滑是指制动时轮式机械的某一轴或两轴，在横向附着系数下降、侧向力作用下发生横向移动。最危险的情况是紧急制动时发生后轴侧滑，此时轮式机械常发生急剧回转运动而失去控制。跑偏与侧滑是有联系的，跑偏有时会引起后轴侧滑，侧滑也有加剧跑偏的趋势。

制动跑偏、侧滑与转向轮失去转向能力是造成行车事故的重要原因。

1. 轮式机械的制动跑偏原因

制动时跑偏的原因有：

1）轮式机械左、右车轮，特别是转向桥的左、右车轮制动器制动力增长快慢不一致或制动力不相等。

2）制动时悬架导向杆系与转向系拉杆在运动学上的不协调（互相干涉）。

3）轮胎的机械特性、前轮定位、道路状况、车辆轴荷分布等因素也会影响制动跑偏。

其中第一个原因是制造、调整误差造成的，轮式机械究竟向左还是向右跑偏，要根据具体情况而定；第二个原因是设计造成的，制动时轮式机械总是向左（或向右）侧跑偏。

2. 制动时后轴侧滑与前轴转向能力的丧失原因

制动时发生侧滑，特别是后轴侧滑，引起轮式机械的回转运动，严重时可使轮式机械调头。由实验与理论分析得知，制动时若后轮比前轮先抱死拖滑，就可能发生后轴侧滑；若前、后轮同时抱死或前轮先抱死，将失去转向能力，弯道行驶时将十分危险。

从保证轮式机械行驶方向稳定性的角度出发，不能出现只有后轮抱死或后轮比前轮先抱死的情况。最理想的情况是，防止任何车轮抱死，前、后车轮都处于滚动状态。采用合理的驾驶技术和辅助技术，可减轻或避免制动侧滑。驾驶员在制动时，可以采用适当频率反复制动，避免车轮抱死，缓解或消除工程机械制动侧滑；安装制动力分配与调节装置或防抱死装置，可使工程机械前后轴抱死时刻不同或防止抱死，从而减轻或防止工程机械制动时侧滑。

第五节　工程机械的作业稳定性

工程机械稳定性能是指工程机械作业或在坡道上行驶时抵抗纵向和横向倾翻和滑移的性能。作业稳定性是说明工程机械使用时是否安全的一项重要性能。

一、机械上坡行驶时的纵向稳定性

1. 轮式机械

轮式机械等速上坡运行时作用在机械上的力和力矩（见图1-9）有：重力 G(可分解为垂直和平行于地面的力 $G\cos\alpha$ 和 $G\sin\alpha$)；前、后轮上的法向反作用力 F_{N1} 和 F_{N2}；前、后轮上的驱动力 F_1 和 F_2；空气阻力 F_W（图中未画出）；前、后轮上的滚动阻力矩 M_{f1} 及 M_{f2}（图中未画出）。当机械在坡度较大的坡道上行驶时，F_W 及 M_{f1}、M_{f2} 对倾翻轴 A 或 B 的力矩要比 $G\sin\alpha$、$G\cos\alpha$、F_{N1}、F_{N2} 对 A 或 B 的力矩小得多。为了便于分析，忽略 F_W、M_{f1}、M_{f2}。

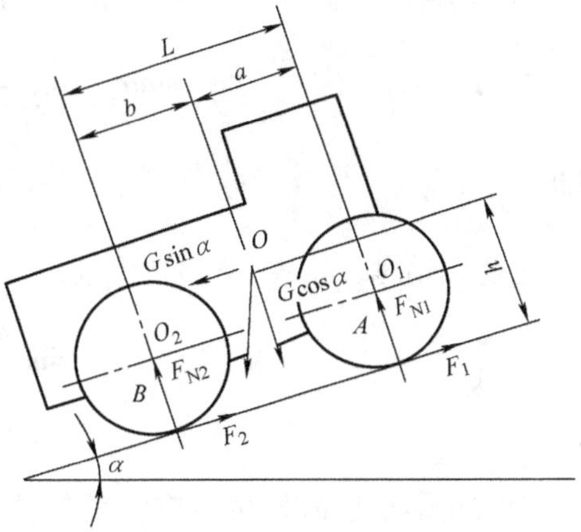

图1-9　轮式机械等速上坡时受力简图

根据整机平衡条件，分别对 B、A 取矩可得：

$$F_{N1}=\frac{G\ (b\cos\alpha-h\sin\alpha)}{L} \tag{1-1}$$

$$F_{N2}=\frac{G\ (a\cos\alpha+h\sin\alpha)}{L} \tag{1-2}$$

式中　a——机械质心 O 到前轮轴线 O_1 的水平距离；

b——机械质心 O 到后轮轴线 O_2 的水平距离；

h——机械质心 O 到坡面的垂直距离；

L——机械前后桥之轴矩。

上坡时机械不倾翻的条件为 $F_{N1}\geqslant 0$，即 $b\cos\alpha-h\sin\alpha\geqslant 0$，故不倾翻的最大坡角 α_m 为：

$$\alpha_m=\arctan\frac{b}{h} \tag{1-3}$$

下面讨论由附着条件决定的机械最大爬坡角 α_φ。

如果上坡的机械为全轮驱动时，其行走机构的附着力可按下式计算。

前轮附着力为：

$$F_{\varphi 1}=F_{N1}\varphi=\frac{G\ (b\cos\alpha-h\sin\alpha)}{L}\varphi \tag{1-4}$$

后轮附着力为

$$F_{\varphi 2}=F_{N2}\varphi=\frac{G\ (a\cos\alpha+h\sin\alpha)}{L}\varphi \tag{1-5}$$

整机附着力为

$$F_\varphi=F_{\varphi 1}+F_{\varphi 2}=G\varphi\cos\alpha \tag{1-6}$$

按照滑移时的平衡条件，即 $F_{\varphi}=G\sin\alpha_{\varphi}$，故最大爬坡角 α_{φ} 为

$$\alpha_{\varphi}=\arcsin\frac{F_{\varphi}}{G} \tag{1-7}$$

前轮驱动时 $F_{\varphi}=F_{\varphi 1}$，将式（1-4）代入式（1-7）得

$$\sin\alpha_{\varphi}=\frac{F_{\varphi 1}}{G}=\frac{G\ (b\cos\alpha_{\varphi}-h\sin\alpha_{\varphi})}{LG}\varphi$$

因此

$$\alpha_{\varphi}=\arctan\frac{b\varphi}{L+h\varphi} \tag{1-8}$$

后轮驱动时 $F_{\varphi}=F_{\varphi 2}$，将式（1-5）代入式（1-7）得

$$\sin\alpha_{\varphi}=\frac{F_{\varphi 2}}{G}=\frac{G\ (a\cos\alpha_{\varphi}+h\sin\alpha_{\varphi})}{LG}\varphi$$

因此

$$\alpha_{\varphi}=\arctan\frac{a\varphi}{L-h\varphi} \tag{1-9}$$

全轮驱动时，将式（1-6）代入式（1-7）得

$$\sin\alpha_{\varphi}=\frac{F_{\varphi}}{G}=\frac{G\cos\alpha_{\varphi}}{G}\varphi$$

即

$$\alpha_{\varphi}=\arctan\varphi \tag{1-10}$$

为防止翻车事故发生，应满足条件 $\alpha_{\varphi}<\alpha_{m}$，由式（1-8）、式（1-9）、式（1-10）及式（1-3）得

$$\left.\begin{aligned}&\text{前轮驱动时应满足条件 } b>0\\&\text{后轮驱动时应满足条件}\frac{b}{h}>\varphi\\&\text{全轮驱动时应满足条件}\frac{b}{h}>\varphi\end{aligned}\right\} \tag{1-11}$$

前轮驱动的机械一般都能满足上述条件。后轮驱动和全轮驱动的机械，尤其是后者，当轴距较短，采用 φ 值较大且直径较大的越野轮胎时，应尽量降低机械的质心高度，以满足上述条件。

2. 履带式机械

履带式机械等速上坡时，如忽略外部滚动阻力，作用在机械上的力如图 1-10 所示。

由整机平衡条件得

$$F_{N}=G\cos\alpha$$

$$F_{K}=G\sin\alpha$$

$$bG\cos\alpha-hG\sin\alpha-F_{N}l=0$$

即

$$l=\frac{b\cos\alpha-h\sin\alpha}{\cos\alpha}$$

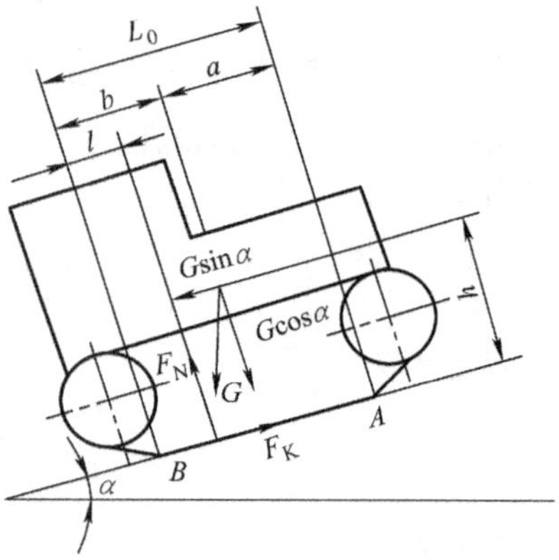

图 1-10　履带式机械等速上坡时受力简图

式中　F_{N}——地面对机械的垂直反力；

b——机械质心到履带后部接地点 B 的水平距离；

h——机械质心到地面的垂直距离；

l——垂直反力 F_N 到履带后部接地点 B 的距离。

机械不倾翻的条件为 $l \geqslant 0$，即 $b\cos\alpha - h\sin\alpha \geqslant 0$，故不倾翻的最大爬坡角 α_m 为

$$\alpha_m = \arctan\frac{b}{h}$$

由附着条件决定的最大爬坡角 α_φ 可按下式计算：

$$F_\varphi = G\sin\alpha_\varphi$$

以 $F_\varphi = G\varphi\cos\alpha_\varphi$ 代入上式得

$$\alpha_\varphi = \arctan\varphi$$

为满足 $\alpha_\varphi < \alpha_m$，则 $b/h > \varphi$。

二、机械下坡行驶时的纵向稳定性

1. 轮式机械

为了确保安全，轮式机械下坡行驶时，一般是在制动情况下低速行驶，作用于前、后轮上的力 F_1 和 F_2 是制动力（见图 1-11）。

由整机平衡条件得总制动力为

$$F = F_1 + F_2 = G\sin\alpha \tag{1-12}$$

对 B 和 A 点取力矩得

$$F_{N1}L - Gh\sin\alpha - Gb\cos\alpha = 0$$

$$F_{N2}L + Gh\sin\alpha - Ga\cos\alpha = 0$$

即

$$F_{N1} = \frac{Gb\cos\alpha + Gh\sin\alpha}{L} \tag{1-13}$$

$$F_{N2} = \frac{Ga\cos\alpha - Gh\sin\alpha}{L} \tag{1-14}$$

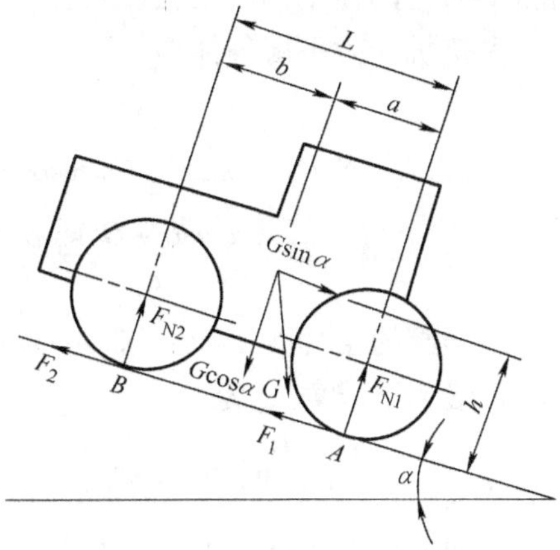

图 1-11　轮式机械下坡行驶时受力简图

机械不倾翻的条件为 $F_{N2} \geqslant 0$，即 $a\cos\alpha - h\sin\alpha \geqslant 0$，则不倾翻的最大下坡角 α'_m 为

$$\alpha'_m = \arctan\frac{a}{h} \tag{1-15}$$

受地面附着条件限制时，近似取最大制动力为

$$F_{max} = F_\varphi = F_{\varphi1} + F_{\varphi2}$$

不滑移最大下坡角由平衡式 $F_\varphi = G\sin\alpha'_\varphi$ 确定，即

$$\sin\alpha'_\varphi = \frac{F_\varphi}{G} \tag{1-16}$$

前轮以最大制动力制动时，$F_\varphi = F_{\varphi1} = F_{N1}\varphi$ 代入式（1-16）得

$$\sin\alpha'_\varphi = \frac{Gb\cos\alpha'_\varphi + Gh\sin\alpha'_\varphi}{GL}\varphi$$

即

$$\alpha'_\varphi = \arctan\frac{b\varphi}{L - h\varphi} \tag{1-17}$$

后轮以最大制动力制动时，$F_{\varphi}=F_{\varphi 2}=F_{N2}\varphi$，代入式（1-16）得

$$\alpha'_{\varphi}=\arctan\frac{a\varphi}{L-h\varphi} \tag{1-18}$$

全部车轮以最大制动力制动时，$F_{\varphi}=G\varphi\sin\alpha'_{\varphi}$，代入式（1-16）得

$$\alpha'_{\varphi}=\arctan\varphi \tag{1-19}$$

为能安全下坡，则 $\alpha'_{\varphi}<\alpha'_{m}$，并且：

$$\left.\begin{aligned}&\text{前轮完全制动时}\frac{a}{h}>\varphi\\&\text{后轮完全制动时}\ a>0\\&\text{全部车轮制动时}\frac{a}{h}>\varphi\end{aligned}\right\} \tag{1-20}$$

2. 履带式机械

履带式机械等速下坡行驶时，作用在机械上的力如图1-12所示，图中 F 为制动力。

由整机受力平衡条件得

$$F=G\sin\alpha$$

$$F_{N}l+Gh\sin\alpha-Ga\cos\alpha=0$$

即
$$l=\frac{Ga\cos\alpha-Gh\sin\alpha}{F_{N}}$$

不倾翻的条件为 $l\geqslant 0$，即 $a\cos\alpha-h\sin\alpha\geqslant 0$，故不倾翻最大下坡角 α'_{m} 为

$$\alpha'_{m}=\arctan\frac{a}{h}$$

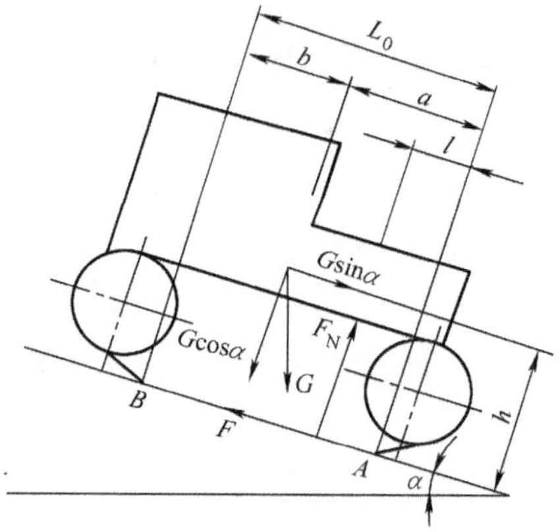

图1-12　履带式机械下坡行驶时受力简图

近似取最大制动力 $F_{max}=G\varphi\cos\alpha$，则不滑移的最大下坡角 α'_{φ} 为

$$\alpha'_{\varphi}=\arctan\varphi$$

为能安全下坡，应满足 $\alpha'_{\varphi}<\alpha'_{m}$，则 $a/h>\varphi$。

三、机械在坡道上横向行驶的稳定性

机械在坡道上横向等速直线行驶时，作用在机械上垂直于行驶方向的力如图1-13所示。

由整机平衡条件得：

$$F_{N1}+F_{N2}=G\cos\beta$$

$$F_{Z1}+F_{Z2}=G\sin\beta$$

$$F_{N1}B+Gh\sin\beta-G\left(\frac{B}{2}-e\right)\cos\beta=0$$

即
$$F_{N1}=\frac{G(0.5B-e)\cos\beta-Gh\sin\beta}{B}$$

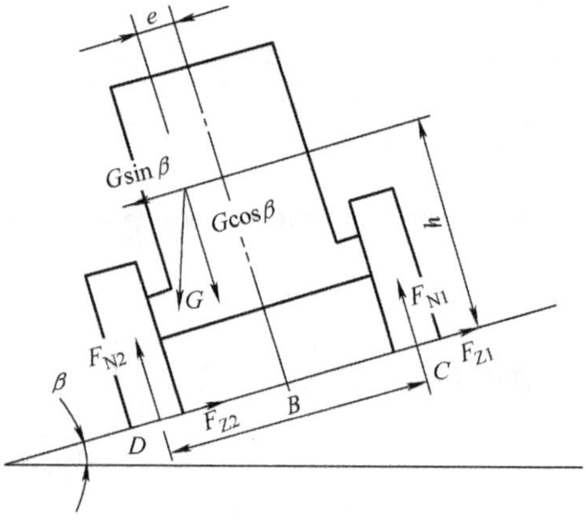

图1-13　机械在坡道上横向行驶时受力简图

式中　F_{N1}、F_{N2}——坡道对行走机构的垂直反力；

F_{Z1}、F_{Z2}——坡道对行走机构的侧向反力；

B——履带中心距；

e——质心至机械纵向中线的距离。

不倾翻的条件为 $F_{N1} \geqslant 0$，即 $(0.5B-e)\cos\beta - h\sin\beta \geqslant 0$，故不倾翻的最大坡角 β_m 为

$$\beta_m = \arctan\frac{0.5B-e}{h} \tag{1-21}$$

地面对机械作用的最大侧向力由附着条件决定，即：

$$F_{Z\max} = (F_{Z1}+F_{Z2})_{\max} = (F_{N1}+F_{N2})\varphi_Z = \varphi_Z G\cos\beta$$

式中　φ_Z——侧向附着系数，轮式机械 $\varphi_Z \approx \varphi$，履带式机械 $\varphi_Z = 0.15 \sim 0.60$。

机械不发生侧滑的条件为 $G\sin\beta \leqslant \varphi_Z G\cos\beta$，即不发生侧滑的最大坡角 β_Z 为

$$\beta_Z = \arctan\varphi_Z \tag{1-22}$$

比较式（1-21）与式（1-22），考虑到一般机械 $e=0$，以及 $\frac{B}{2h} > \varphi_Z$，即 $\beta_Z < \beta_m$，故机械在横坡上的滑移先于倾翻。

第六节　工程机械的机动性

机动性能是反映工程机械在狭窄场地转向和通过各种坏路或无路地带的能力。如通过松软地面（松软的土壤、沙漠、雪地、沼泽地）、坎坷不平的地段和各种障碍（陡坡、侧坡、壕沟、台阶）等。机动性能与操纵性能有很大的关系，操纵性能常以工程机械通过性能的几何参数表示，包括最小离地间隙、横向通过半径、纵向通过半径、接近角、离去角、最小转弯半径等。机动性能影响工程机械的适用程度。

工程机械机动性能主要取决于机械的驱动力、附着力、接地比压力和通过性几何参数等。

一、工程机械牵引参数

1. 牵引系数 *TC*

单位机械重量的挂钩牵引力（净牵引力）称牵引系数，以 TC 表示。挂钩牵引力表明机械在松软地面上加速、爬坡、克服道路不平的阻力或牵引的能力。挂钩牵引力与土壤的物理性质有关。牵引系数 TC 的表达式为

$$TC = F_{KF}/G_S$$

式中　F_{KF}——机械的挂钩牵引力；

G_S——工程机械重力。

2. 牵引效率（驱动效率）*TE*

牵引效率是指驱动轮输出功率与输入功率之比。牵引效率反映了车轮功率传递过程中的能量损失，这部分损失是由于轮胎橡胶与帘布层间摩擦生热及轮胎下土壤的压实和流动而造成的。

二、工程机械接地比压 *p*

履带式工程机械的通过能力主要是以接地比压 p 衡量，即

$$p_P = \frac{G_S}{2bL}$$

式中　G_S——履带式机械重量；

b——履带板宽度；

L——履带支承段长度。一般结构的履带式机械，即取导向轮中心线和驱动轮中心线间的距离。对于导向轮和驱动轮的位置布置得较高的机械，也就是前后两个区段与地面夹角较大时：$L = l_1 + l_2$；

l_1——最前最后两个支重轮间的距离；

l_2——履带板节距；

p_P——平均接地比压。

各种履带式机械平均接地比压约为：湿地推土机为10～30kPa；拖拉机为30～70kPa；推土机为50～90kPa；装载机为60～80kPa；湿地挖掘机为20～40kPa；挖掘机为50～250kPa。

在松软土壤上，承载能力小，伴随着它的往往是附着系数也小。在这种情况下机械往往很容易打滑，一旦打滑，如果驾驶人员盲目地开动机械企图挣扎出来的话，往往适得其反。因为这时履带齿就好像刮板式输送机的刮板，不断把履带下面的土向后（或向前）刮出堆到后面（或前面），而机械本身则越陷越深不能自拔，从“打滑”转化到了“陷车”。因此，当履带式工程机械必须通过松软泥泞地带时，应稳住油门，预先换好档，中速或低速通过。必要时应先下来探明路线。一旦打滑不要慌张，应仔细判明原因，再根据当地具体的地形地物，采取自救措施。而在自救措施中，在履带下面垫木料，降低接地比压，是经常采用的有效方法。

三、通过性的主要几何参数

由于功能不同，作业方式不同，工程机械底盘上装有各种机构和装置。通过性就是指，所有部分的外形组成机械的轮廓，直接影响到机械在地面上运行时，无碰撞地越过石块、小丘、沟洼地、树桩、拱桥之类障碍物的能力。通过性的主要几何参数如图1-14所示。

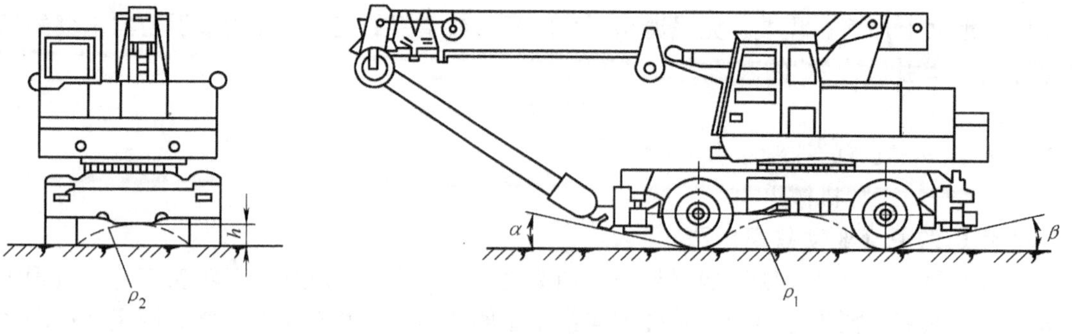

图1-14　通过性的主要几何参数

1. 最小离地间隙 h

最小离地间隙 h 是指底盘由车轮支承在地面上时，整机除车轮外的最低点与地面之间的距离。它表示机械能否越过石块、树桩等障碍物的能力。一般离地间隙较小的部位有前、后桥主传动器外壳、飞轮壳、变速箱壳、消声器等。对于不同的工程机械，由于总体布置不同，其最小离地间隙可按具体的最低点处测量。

2. 接近角 α 和离去角 β

在整机侧视图上，自车身前、后最低突出点向前、后车轮引切线，切线与地面之间的夹角，前方的夹角称为接近角 α，后方的夹角称为离去角 β。

3. 纵向通过半径 ρ_1

在整机侧视图上与前、后车轮及它们之间机械的最低点相切的圆弧半径，即为纵向通过半径 ρ_1。它表示机械能够无碰撞地越过小丘、拱桥等纵向凸起障碍物的轮廓尺寸。ρ_1 越小，机械的通过性越好。

4. 横向通过半径 ρ_2

在整机正视图上与左、右车轮内侧及它们之间机械的最低点相切的圆弧半径，即为横向通过半径 ρ_2。它表示机械通过小丘及凸起路面等横向凸起障碍物的能力，ρ_2 越小，机械的通过性越好。

5. 最小转弯直径 D_{min} 和内轮差 d

如图 1-15 所示，机械转向时，从瞬时转向中心到前外轮轨迹中心线的距离称为机械的转弯半径，两倍的转弯半径即为转弯直径（用 D 表示）。对一定形式的机械，轴距 L 是一个不变值。因此，在外轮摆转角达到最大值时，转弯直径最小（用 D_{min} 表示），称为最小转弯直径。

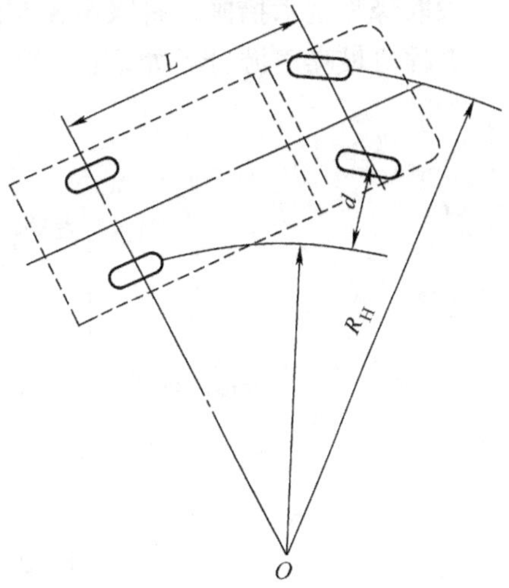

图 1-15　最小转弯直径和内轮差

内轮差是指前内轮轨迹与后内轮轨迹半径之差，用符号 d 表示。

这两个参数表示机械在最小面积内的回转能力和通过狭窄弯曲地带或绕过障碍物的能力。机械转弯直径越小，机械转向时所需要的场地面积越小，机械通过性越好。

6. 最大涉水深度 h_1

最大涉水深度是保证工程机械正常行驶时所能通过浅水滩的最大深度，它一般与某些必须高出水面部件的位置有关。

单从某个指标讨论，要提高机械的通过性，最小离地间隙 h、最大涉水深度 h_1、接近角 α 和离去角 β 越大越好；纵向通过半径 ρ_1、横向通过半径 ρ_2 值越小越好。但实际机械的性能是由许多指标综合形成的，不能只追求某个指标。例如：最小离地间隙 h 的过分提高会使机械的重心提高，稳定性变差。对于某些工作装置后置的机械（如路拌式稳定土拌和机），过分提高离去角不但会提高机械的重心，而且将导致工作装置布置困难。

第七节　工程机械的操纵舒适性

对工程机械操作者来讲，改善操纵性、增加舒适性、减轻劳动强度，是工程机械发展的重要方面，是提高工程机械生产效率的有效措施。驾驶室的隔振、降噪，宜人化环境是提高工程机械操作者操纵性、舒适性的主要方面。

一、工程机械噪声控制

噪声是多种频率和声强的声波的杂乱组合，听起来不和谐，使人烦躁和生厌。噪声妨碍或干扰人们的生活、工作、学习和休息，有害于人们的身心健康。为此，有关部门分别规定了听力保护噪声标准和环境噪声标准。工程机械作为机动车辆，也规定了相应的噪声标准，工程机械噪声控制已引起行业的重视。

1. 工程机械噪声源

对工程机械进行噪声声源分析，测定各主要噪声源的声级和噪声频谱，对较强的噪声源重点采取降噪技术措施，是噪声控制的有效方法。

工程机械噪声源分类如下：

- 工程机械噪声
  - 发动机噪声
    - 空气动力噪声
      - 排气噪声
      - 进气噪声
      - 风扇噪声
    - 表面噪声
      - 燃烧噪声
      - 机械噪声
        - 活塞敲击噪声
        - 配气机械噪声
        - 齿轮传动噪声
        - 供油系统噪声
  - 底盘噪声
    - 传动系统噪声
    - 制动系统噪声
    - 液压系统噪声
    - 行走机械噪声
    - 机械杆件、板件噪声

通过不同途径传播的噪声所占的比率取决于机械的具体结构形式和有关部件的设计。控制噪声的传播途径，是降低工程机械操作者耳旁噪声的行之有效的传统措施，这方面的措施主要包括：吸声、消声、隔声、隔振和减振。

2. 工程机械噪声控制

工程机械噪声主要由空气声、固体声和混响声三部分组成。治理空气声传播，主要要靠隔声措施，治理混响声主要靠吸声措施。

（1）隔振　隔振是在驾驶室和底盘之间装设适当的弹性元件，以缓冲和隔离机体传给驾驶室的振动，消除或减弱二次噪声，隔绝固体声的传播。目前应用最广泛的隔振元件是橡胶块。

（2）减振　为了更有效地抑制驾驶室和发动机罩板壁的振动，可在板壁、顶篷的薄钢板上喷涂或粘贴一层内摩擦阻力大的材料，如沥青、软橡胶或其他高分子涂料配成的阻尼浆等，以衰减板壁的振动，这种措施称为阻尼减振。对于一定厚度的金属板，其减振性能与阻尼层的厚度有关。阻尼层越厚，减振性越好。

（3）隔声　隔声是利用一些具有一定质量的坚实的材料和结构，隔离声传播通路以降低噪声。隔声量的大小主要取决于选用的材料和结构。驾驶室的板壁材料多选用隔声效果好的钢板、硬质塑料和玻璃，其结构形式主要有单层和双层两种。

（4）吸声　吸声是利用可以吸收声能的材料和结构，在噪声传播途径中吸收一部分声能，以降低传到工程机械操作者身旁的噪声。吸声措施主要适用于空气传播声。驾驶室内壁装设吸声材料，在于消除或降低室内的混响声。发动机罩和内表面装附吸声材料，以降低发动机噪声向四周环境的传播。

驾驶室内壁和发动机罩内壁所采用的吸声材料主要是多孔性吸声材料，如玻璃纤维、矿渣棉、泡沫塑料等。

（5）消声　消声是控制气流噪声的有效方法，发动机排气消声器就是典型的结构实例，它是一种阻止声音传播，而允许气流通过的装置，安装在发动机排气口上。

二、工程机械驾驶室宜人化气候环境

工程机械驾驶室宜人化气候环境是指：室内空气温度、室内相对湿度、室内气流速度，满足操作者热舒适性评价标准。

热舒适性是指人体对热环境表示满意的心理状态，对人体热舒适性有重要意义的环境气候参数是：空气温度、空气相对湿度和气流速度。

工程机械驾驶室内环境气候参数应使操作者感到舒适。表1-3是有关资料推荐的工程机械驾驶室环境气候参数的范围。

表1-3　驾驶室的环境气候参数

小环境气候参数	舒适范围		可忍受的范围	
	下限	上限	下限	上限
空气温度/℃	18	24	-1	38
空气相对湿度/%	30	70	10	90
通风量/（m^3/min）	0.37	0.57	0.14	1.4
空气流速/（m/s）	0.1	0.3	—	—

工程机械作业环境恶劣，环境中的施工尘埃、发动机废气、燃油蒸汽等各种有害物质都会污染工程机械驾驶室内的空气质量，干扰操作者的注意力和反应能力，影响操作者的舒适性。合理的全封闭驾驶室，应能调节驾驶室内的空气，使其空气温度、湿度和流速等项指标，保持在一定范围之内。

通过空气过滤、空气流动、采暖、冷却、隔热以及窗玻璃除霜等环境气候参数的控制和调节，提供适合于人体热舒适性要求的清洁空气及适宜的空气流速、温度和湿度等。

1. 驾驶室通风

驾驶室通风系统的目的是向驾驶室内输送新鲜的空气，将污浊空气排到室外，使驾驶室内的空气满足要求。通风系统有自然通风和强制通风两种形式。自然通风是利用工程机械行驶时相对运动所产生的气流压力差形成的，自然通风的进风量取决于车速。强制通风是用换气扇将空气送入驾驶室内，这种措施需要有能源和设备，在备有冷暖气设备的驾驶室上，多采用通风、采暖和制冷的联合装置。

2. 驾驶室采暖

暖气装置主要用于冬季给驾驶室供暖、车窗玻璃除霜以及改善发动机的低温起动性能，以改善操作者的劳动条件和提高热舒适性。暖气装置可以根据热源分为以下几种：

（1）非独立式　利用发动机工作时的剩余热量。它有两种：利用发动机冷却水热量的，称为水暖式；利用发动机排气系统热量的，称为气暖式。

（2）独立式　利用燃料在燃烧器中燃烧所产生的热量。

目前，大多数工程机械驾驶室的除霜去雾都是采用暖气装置的热空气吹向驾驶室前玻璃的方法。

3. 驾驶室制冷

冷气装置是专为解决工程机械在炎热季节进行空气调节用的一种制冷装置，以便在驾驶室里建立一个舒适的环境，减轻操作者的疲劳。驾驶室空调系统的制冷装置基本的制冷循环由下列四个阶段组成：

（1）压缩　低压过热蒸气被压缩机自蒸发器中抽出来，经压缩后，低压、低温蒸气成了容易冷凝的高压、高温蒸气。

（2）冷凝　自压缩机压出的高压过热蒸气进入冷凝器，制冷剂在这里被冷却而冷凝成为液态，并将其热量传给通过气冷式冷凝器蛇形管周围的空气而被带走，过冷的液态制冷剂则流入作为收集器、过滤器和存储器用的储液干燥器中。

（3）膨胀　高压液态制冷剂通过膨胀阀的节流孔产生压降，压力的降低导致制冷剂在蒸发器中汽化。

（4）蒸发　低压蒸发器中制冷剂的温度低于通过蒸发器蛇形管周围的空气的温度，因而液态制冷剂从周围空气吸收热量而被汽化，同时使驾驶室内部空间的气温降低。

4. 驾驶室的隔热与密封

为了使驾驶室的温度保持在一定的温度范围内，除了装备加热和制冷设备之外，还要求驾驶室具有一定的隔热和密封性能。

驾驶室的隔热一般是采用隔热层。隔热层由玻璃纤维、胶合板、毛毯、泡沫塑料等材料所组成。驾驶室设计时，隔热措施一般有：

1）顶盖受太阳辐射影响最大，顶盖隔热层必须保证一定厚度。

2）驾驶室外表面尽量选用浅颜色，以减少太阳辐射热的作用。

3）内饰材料不应粗糙。

4）发动机罩要有较好的隔热措施，机罩与发动机接触表面最好加一层铝箔。

5）尽量选用隔热性能好的材料，大多选用泡沫塑料。

驾驶室的密封性不好，不但不能保持驾驶室所需的温度，而且尘土、雨水都会侵入驾驶室内。因此，驾驶室使用时必须注意门窗缝隙，采用弹性橡胶或海绵橡胶做成较好的密封条进行密封。同时，对各种管路通过的孔洞也应进行密封。

复习与思考题

1. 什么是驱动力和有效牵引力？
2. 行驶阻力包括哪些？如何计算？
3. 工程机械行驶条件是什么？
4. 什么是工程机械动力性？包括哪些评价指标？
5. 什么是工程机械燃油经济性？有哪些影响因素？

6. 什么是轮式机械的制动性？制动性的评价指标有哪些？
7. 地面制动力、制动器制动力、附着力之间的关系是什么？
8. 影响轮式机械的制动稳定性的因素有哪些？
9. 工程机械的作业稳定性包括哪些内容？
10. 什么是工程机械的机动性？如何评价？
11. 工程机械通过性的几何参数有哪些？
12. 工程机械的操纵舒适性包括哪些内容？
13. 简述工程机械噪声的来源及控制措施。

第二章

工程机械运行材料的合理使用

本章提要

本章重点介绍工程机械在运行中所消耗材料（如汽油、柴油、发动机油、齿轮油、润滑脂、发动机冷却液和液压油）的合理使用，通过学习本章内容，学生应能够正确选择和使用各种消耗材料。

第一节　车用汽油的合理使用

一、车用汽油的使用性能

1. 适当的蒸发性

汽油的蒸发性是指汽油由液态转化为气态的性质。其评定指标是馏程和饱和蒸气压。

汽油的蒸发性直接影响发动机的使用性能。汽油蒸发性不好，使混合气形成不良，发动机起动和加速性能变差、燃烧不完全、油耗增加、碳氢化合物（HC）排放浓度增加，同时由于液态油滴冲刷及稀释作用，会加剧发动机磨损。汽油蒸发性过好，使汽油机供给系易产生气阻，导致发动机供油中断或停机后不能起动；汽油在储运和使用中的蒸发损失增加；另外，会使燃油蒸发控制系统中的碳罐过载；由于油路中气泡增多，影响喷油器流量的稳定，直接影响发动机的闭环控制。因此，要求车用汽油具有适当的蒸发性。

馏程是指用石油产品馏程测定仪对100mL油品蒸馏时，从初馏点到终馏点的温度范围和残留量。

典型汽油馏分回收温度对发动机工作的影响：

1）汽油的10%回收温度表示汽油中轻质馏分含量的多少。10%回收温度越低，含轻质馏分越多，发动机在低温条件下越容易起动，所以要求此温度不高于70℃，但汽油在高温条件下使用时容易使燃油供给系产生气阻，造成供油不畅或中断。

2）汽油的50%回收温度表示汽油中中间馏分（位于轻质和重质之间的汽油馏分）的多少，表示汽油的平均蒸发性的好坏。50%回收温度低，汽油机的预热时间短，加速性能好，运转稳定，所以要求此温度不高于120℃。

3）汽油90%回收温度和终馏点表示汽油中重质馏分含量的多少。90%回收温度过高，汽油难以蒸发，燃烧不完全，造成油耗增加，发动机磨损加剧。因此对此作出了严格控制限定，90%回收温度要求不高于190℃，终馏点不高于205℃。

4）汽油的残留量表示汽油中最不易蒸发的重质成分。残留量过多，使发动机燃烧室积炭增加，进气门、化油器量孔和喷嘴、汽油喷射系统的喷油器结胶严重。因此限制残留量不大于2%。

饱和蒸气压是指在规定的条件下，油品在要求的试验仪器中气液两相达到平衡时，液面蒸气所产生的最大压力。

汽油饱和蒸气压对发动机的低温起动性、汽油供给系产生气阻的倾向、贮存中的蒸发损耗等有直接影响。汽油的饱和蒸气压越大，其蒸发性能越好，使发动机低温容易起动，但在高温条件下使用时供给系易产生气阻，贮存使用中蒸发损失大。因此限制饱和蒸气压春夏季不大于74kPa，秋冬季不大于88kPa。

馏程限制的是不高于某温度，是保证汽油具有良好的蒸发性，保证发动机正常工作；而饱和蒸气压限制的是不大于一定值，以防止汽油机供给系产生气阻和减少汽油在贮存和使用过程中的蒸发。

2. 良好的抗爆性

抗爆性是指汽油在汽油机内燃烧时不产生爆燃的性能。汽油抗爆性的评定指标是辛烷值和抗爆指数。

辛烷值是表示点燃式发动机燃料抗爆性的一个约定数。采用在规定条件下的标准发动机试验中与标准燃料进行比较来测定，以与被测定燃料具有相同抗爆性的标准燃料中异辛烷的体积百分数表示，该值范围0～100。测定方法有马达法（MON）和研究法（RON）两种。方法不同辛烷值不同。

抗爆指数是汽油研究法辛烷值与马达法辛烷值之和的1/2。

汽油辛烷值或抗爆指数越大，抗爆性越好。

汽油抗爆性不好的后果是发动机爆燃，其危害是使发动机功率下降，油耗增加，使活塞、气缸垫、气门、火花塞、轴瓦等零件损坏，还会造成气缸的异常磨损。

除了上述的使用性能外，汽油还应有良好的氧化安定性、无腐蚀性、无害性和清洁性等。

二、车用汽油标准

目前我国车用汽油标准是国家质量监督检验检疫总局和中国国家标准化管理委员会于2013年1月18日开始实施的GB 17930—2013《车用汽油》标准，代替了GB 17930—2011《车用汽油》。在GB 17930—2013《车用汽油》标准中，车用汽油（Ⅲ）和车用汽油（Ⅳ）按研究法辛烷值分为90号、93号和97号三个牌号，车用汽油（Ⅴ）按研究法辛烷值分为89号、92号、95号和98号四个牌号。

向用户销售的符合国家标准的车用汽油所使用的加油机和容器都应标明下列标志：90号汽油（Ⅲ）、93号汽油（Ⅲ）、97号汽油（Ⅲ）、90号汽油（Ⅳ）、93号汽油（Ⅳ）、97号汽油（Ⅳ）、89号汽油（Ⅴ）、92号汽油（Ⅴ）、95号汽油（Ⅴ）或98号汽油（Ⅴ），并应标识在汽车驾驶者可以看见的地方。GB 17930—2013《车用汽油》标准中的“车用汽油（Ⅴ）”将于 2018 年 1 月 1 日起，在全国范围施行。

GB 17930—2013《车用汽油》标准中的车用汽油（Ⅳ）的主要技术要求见表 2-1。

表 2-1　车用汽油（Ⅳ）主要技术要求

项目		质量指标			试验方法
		90 号	93 号	97 号	
研究法辛烷值（RON）	不小于	90	93	97	GB/T 5487
抗爆指数（RON + MON）/2	不小于	85	88	报告	GB/T 503 GB/T 5487
铅含量/(g · L^{-1})	不大于	0.005			GB/T 8020
馏程：					GB/T 6536
10% 蒸发温度/℃	不高于	70			
50% 蒸发温度/℃	不高于	120			
90% 蒸发温度/℃	不高于	190			
终馏点/℃	不高于	205			
残留量（V/V）（%）	不大于	2			
饱和蒸气压/kPa					GB/T 8017
11 月 1 日至 4 月 30 日	不大于	42 ~ 85			
5 月 1 日至 10 月 31 日	不大于	40 ~ 68			

汽油牌号的大小表示其抗爆性的好坏，牌号越大，则抗爆性就越好。

汽油机所使用的汽油主要是根据内燃机压缩比的大小来选用的，若内燃机的压缩比大，则可选用较高牌号的汽油，反之选用较低牌号的汽油。具体选用原则是：压缩比小于 8.0 的汽油机可选用 90 号汽油；压缩比在 8.0 以上的汽油机可选用 93 号或 97 号汽油。

三、车用汽油的选用

1）根据发动机压缩比进行抗爆性的选择，压缩比越大，汽油的牌号越高。

2）推广使用加入有效的汽油清净剂的无铅汽油。

3）注意汽油质量是影响车辆技术状况和车辆排放的重要因素。

4）区分季节选择汽油的蒸发性，冬季应选择蒸气压较大的汽油，夏季应选择蒸气压较小的汽油。

四、汽油的安全保管

汽油易蒸发、燃烧、爆炸、易产生静电，有一定毒性。保管使用中应注意防火、防爆、避免中毒。

1）禁止烟火。易产生火种的作业区与油库距离应在 50m 以外，不能在油库附近检修车辆。

2）防止电火花。油库中应采用防爆型的电气设备，储油区上空不能有电线通过，禁止在油库中使用金属工具。

3）清洁通风。油库内要有通风设施，不能存放其他易燃、易爆品。

4）配备消防器材。

5）储油容器和油罐车要配备接地装置。

第二节 车用柴油的合理使用

柴油是柴油机使用的燃料。国产柴油可分为轻柴油和重柴油两大类。轻柴油多用于高速柴油机（转速在1000r/min以上）。轻柴油用于柴油汽车、拖拉机和施工机械的柴油机上。重柴油多用于中、低速柴油机（转速在1000r/min以下）。柴油的馏分较重，柴油机混合气在汽缸内形成，压燃着火，燃烧过程包括着火延迟期、速燃期、缓燃期、后燃期四个阶段。不正常燃烧时工作粗暴。这些特点使柴油使用性能与汽油有许多不同。

一、车用柴油的使用性能

1. 良好的低温流动性

柴油在低温条件下具有一定流动状态的性能叫作柴油的低温流动性。

柴油中含有的石蜡组分在常温下呈溶解状态。当温度降低时，石蜡会结晶析出形成结晶网络，这种网络延展到全部柴油中，使其流动阻力增加，甚至失去流动性。

柴油低温流动性的评定指标是凝点、浊点和冷滤点。凝点、浊点和冷滤点越低，低温流动性越好。我国只采用凝点和冷滤点，且车用柴油的牌号是根据凝点划分的。

凝点是指石油产品在试验条件下，冷却到液面不能流动的最高温度。

冷滤点是指在规定的试验条件下，试油不能以20mL/min的流量通过规定过滤器的最高温度。

冷滤点的测定条件是模拟发动机工作情况确定的，因此，冷滤点与车用柴油的最低使用温度有着较好的对应关系，是低温条件下选择车用柴油的依据。

2. 良好的燃烧性

燃烧性主要是指车用柴油抗粗暴的能力。车用柴油燃烧性的评定指标是十六烷值或十六烷指数。十六烷值或十六烷指数越大，发火性能越好，着火延迟期短，燃烧性越好，工作平稳。

十六烷值是表示压燃式发动机燃料燃烧性的一个约定值。在规定条件下的标准发动机试验中，通过和标准燃料进行比较来测定，采用和被测定燃料具有相同着火延迟期的标准燃料中正十六烷的体积百分数表示。

3. 较好的雾化和蒸发性

柴油机混合气形成时间只有15°～30°曲轴转角，是汽油机的1/30～1/20，这就是要求车用柴油的雾化和蒸发性要好，以便于快速形成混合气。但是，车用柴油的雾化和蒸发性过强，会使其在贮存和运输中蒸发损失大，而且安全性差。

雾化性和蒸发性不好的车用柴油在使用时，其中未蒸发的柴油在高温、高压条件下分解析出炭粒，产生炭烟，使油耗和排放污染物增加；未分解和燃烧的车用柴油稀释发动机油，影响正常润滑，加剧发动机零件磨损；形成的混合气不均匀，产生后燃，使发动机过热，功率下降；发动机难以起动。

车用柴油雾化和蒸发性的评定指标是馏程、运动黏度、密度和闪点。其中馏程的测试方法与车用汽油相同，但规定的是50%回收温度、90%回收温度和95%回收温度。

闪点是指石油产品在规定条件下加热到它的蒸气与空气的混合气接触火焰发生闪火时的最低温度。

4. 良好的安定性

车用柴油的安定性是指车用柴油在运输、贮存和使用过程中保持颜色、组成和使用性能不变的能力。影响车用柴油安定性的主要因素是车用柴油中所含的不安定组分，如二烯烃、烯烃等。车用柴油的馏分过重，环烷芳烃和胶质含量增加，安定性也变差。

车用柴油的安定性不好，在使用中易氧化结胶，在燃烧室内生成积炭、胶状沉积物，附着在活塞顶和气门上，造成气门关闭不严；使燃油滤清器堵塞，造成喷油器针阀黏滞，使喷雾恶化，甚至中断供油，从而使排放污染物浓度增加。

除了上述的主要使用性能，柴油还应具有无腐蚀性、无害性和严格的清洁性等。

二、车用柴油标准

我国目前关于车用柴油的标准是GB 19147—2013《车用柴油》，车用柴油（Ⅴ）主要技术要求见表2-2。标准中将车用柴油按凝点分为5号、0号、-10号、-20号、-35号和-50号六个牌号。

表2-2　车用柴油（Ⅴ）主要技术要求

项　目		5号	0号	-10号	-20号	-35号	-50号	试验方法
硫含量（mg/kg）	不大于	10						SH/T 0689
润滑性： 校正磨痕直径（60℃）/μm	不大于	460						SH/T 0765
凝点/℃	不高于	5	0	-10	-20	-35	-50	GB/T 510
冷滤点/℃	不高于	8	4	-5	-14	-29	-44	SH/T 0248
闪点（闭口）/℃	不低于	55			50	45		GB/T 261
着火性（满足下列要求之一）								
十六烷值	不小于	51			49	47		GB/T 386
或十六烷指数	不小于	46			46	43		SH/T 0694
馏程：								GB/T 6536
50%回收温度/℃	不高于	300						
90%回收温度/℃	不高于	355						
95%回收温度/℃	不高于	365						
密度（20℃）/（$kg \cdot m^{-3}$）		810～850			790～840			GB/T 1884 GB/T 1885

三、车用柴油的选用

1. 根据柴油使用地区风险率10%的最低气温选用柴油牌号

使用柴油时，应根据不同地区和季节选用不同牌号的柴油。一般选用车用柴油的凝点应较最低气温低 3～6℃，以保证在最低气温时柴油不凝固。

一般应按风险率为 10% 的最低气温进行牌号的选择。即某月风险率为 10% 最低气温值，表示该月中最低气温低于该值的概率为 0.1，或者说该月中最低气温高于该值的概率为 0.9。各地区风险率为 10% 的最低气温不仅是选择车用柴油牌号的依据，也是选择发动机油、车辆齿轮油和制动液等的依据。车用柴油牌号及其适用地区见表 2-3。

表 2-3　车用柴油牌号及其适用地区

柴油牌号	适用地区
5 号	风险率为 10% 的最低气温在 8℃以上的地区
0 号	风险率为 10% 的最低气温在 4℃以上的地区
-10 号	风险率为 10% 的最低气温在 -5℃以上的地区
-20 号	风险率为 10% 的最低气温在 -14℃以上的地区
-35 号	风险率为 10% 的最低气温在 -29℃以上的地区
-50 号	风险率为 10% 的最低气温在 -44℃以上的地区

我国部分地区风险率 10% 的最低气温见表 2-4，该表中的最低温度是由我国气象台根据多年气温记录分析得出的。

表 2-4　我国部分地区风险率 10% 的最低气温　　(单位：℃)

地区	1 月	2 月	3 月	4 月	5 月	6 月	7 月	8 月	9 月	10 月	11 月	12 月
河北省	-14	-13	-5	1	8	14	19	17	9	1	-6	-12
山西省	-17	-16	-8	-1	5	11	15	13	6	-2	-9	-16
内蒙古自治区	-43	-42	-35	-21	-7	-1	4	1	-8	-19	-32	-41
黑龙江省	-44	-42	-35	-20	-6	1	7	4	-6	-20	-35	-43
吉林省	-29	-27	-17	-6	1	8	14	12	2	-6	-17	-26
辽宁省	-23	-21	-12	-1	6	12	18	15	6	-2	-12	-20
山东省	-12	-12	-5	2	8	14	19	18	11	4	-4	-10
江苏省	-10	-9	-3	3	11	15	20	20	12	5	-2	-8
安徽省	-7	-7	-1	5	12	18	20	20	14	7	0	-6
浙江省	-4	-3	1	6	13	17	22	21	15	8	2	-3
江西省	-2	-2	3	9	15	20	23	23	18	12	4	0
福建省	-4	-2	3	8	14	18	21	20	15	8	1	-3
广东省	1	2	7	12	18	21	23	23	20	13	7	2
广西壮族自治区	3	3	8	12	18	21	23	23	19	15	9	4
湖南省	-2	-2	3	9	14	18	22	21	16	10	4	-1
湖北省	-6	-4	0	6	12	17	21	20	14	8	1	-4
河南省	-10	-9	-2	4	10	15	20	18	11	4	-3	-8
四川省	-21	-17	-11	-7	-2	1	2	1	0	-7	-14	-19
贵州省	-6	-6	-1	3	7	9	12	11	8	4	-1	-4
云南省	-9	-8	-6	-3	1	5	7	7	5	1	-5	-8

（续）

地区	1月	2月	3月	4月	5月	6月	7月	8月	9月	10月	11月	12月
西藏自治区	-29	-25	-21	-15	-9	-3	-1	0	-6	-14	-22	-29
新疆维吾尔自治区	-40	-38	-28	-12	-5	-2	0	-2	-6	-14	-25	-34
青海省	-33	-30	-25	-18	-10	-6	-3	-4	-6	-16	-28	-33
甘肃省	-23	-23	-16	-9	-1	3	5	5	0	-8	-16	-22
陕西省	-17	-15	-6	-1	5	10	15	12	6	-1	-9	-15
宁夏回族自治区	-21	-20	-10	-4	2	6	9	8	3	-4	-12	-19

2. 在气温允许的情况下尽量选用高牌号柴油

有些车辆使用者认为选用的柴油牌号越低越安全，对车越有利，其实不然。首先，由于低牌号柴油凝点低，其炼制工艺复杂、生产成本高，所以其价格也比高牌号柴油贵；其次，由于柴油中凝点越低的成分燃烧性越差，使用时燃烧滞后期长，越容易发生工作粗暴，所以选用柴油牌号时在气温允许的情况下尽量选用高牌号柴油，真正做到既经济又实用。

3. 注意季节气温变化对用油的影响

对于那些季节气温变化较大的地区，如黑龙江、内蒙古、新疆等，应特别注意季节气温变化对用油的影响，及时改变用油牌号。

第三节　发动机油的合理使用

一、发动机油的使用性能

发动机油的主要功能有润滑、冷却、清洁、密封和防腐蚀，其中润滑是最主要、最基本的功能。

1. 良好的润滑性

在各种条件下，发动机油降低摩擦、减缓磨损和防止金属烧结的能力，叫作发动机油的润滑性。

发动机油黏度是评定润滑性的重要指标。但是，对于边界润滑，主要是油性剂和极压剂起作用，所以发动机油的润滑性还要通过相应的发动机试验来评定。

2. 良好的低温操作性

从发动机油方面保证发动机在低温条件下容易起动和可靠供油的性能，叫作发动机油的低温操作性。发动机油黏度随气温降低而增加，因此，使发动机低温起动时转动曲轴的阻力增加，曲轴转速下降，从而造成发动机起动困难。发动机油黏度增加后，流动困难，供油不足，造成磨损严重。因此，发动机油良好的低温操作性有利于低温起动和降低起动磨损两方面。

发动机油低温操作性评价指标有低温动力黏度、边界泵送温度、倾点。

润滑剂在低温状态下为非牛顿流体，其黏度称为低温动力黏度。

边界泵送温度是指能将发动机油连续、充分地供给发动机机油泵入口的最低温度。

倾点是指试样在规定的条件下冷却时，能够流动的最低温度。倾点是发动机油能流动的最低温度，凝点是发动机油失去流动性的最高温度。对同一试样，“倾点”略高于“凝点”。

3. 良好的黏温性

黏温性指的是润滑油的黏度由于温度的升降而改变的性质。润滑油的黏度随温度的升高而变小，随温度降低而变大。良好的黏温性是指油品的黏度随温度的变化程度小。

发动机油黏温性的评定指标是黏度指数。

黏度指数是指润滑油黏度随温度变化程度与标准油黏度随温度变化程度比较所得的相对值。

在基础油中加入黏度指数改进剂可提高油品的黏温性，黏温性越好，黏度指数越大。能同时满足高、低温使用要求的发动机油叫做多黏度级发动机油，俗称稠化机油。

4. 良好的清净分散性

发动机油能抑制积炭、漆膜和油泥生成或将这些沉积物清除的性能，叫作发动机油的清净分散性。发动机油的清净分散性是通过添加清净剂和分散剂而获得的。

发动机油清净分散性的评定指标是硫酸盐灰分和残炭。

硫酸盐灰分是指试样炭化后的残留物用硫酸处理，加热至质量恒定时的残留物。

残炭是指油品在规定条件下受热蒸发后剩下的黑色残留物。根据残炭量的大小，可以大致判断发动机油在发动机中结炭的倾向。

除了上述的使用性能外，发动机油还应具有良好的抗氧性、良好的耐蚀性和良好的抗泡沫性等。

二、发动机油的分类和规格

1. 发动机油分类

发动机油按使用性能和黏度进行分类。

（1）发动机油使用性能分类　世界广泛采用美国石油学会（API）的发动机油使用性能分类法，该分类法首先将汽油机油定为 S 系列，将柴油机油定为 C 系列，再按照发动机性能强化程度和工作条件的苛刻程度划分使用性能级别。发动机油的使用性能级别是根据发动机油在发动机台架试验中所得到的润滑性、清净分散性、抗氧性、耐蚀性等确定的。

API 使用性能分类法是一种开端分类法，随着发动机技术的发展，API 发动机油使用性能级别不断升级，表 2-5 和表 2-6 分别列出 API 汽油机油分类规格的发展和 API 柴油机油分类规格的发展。

表 2-5　API 汽油机油分类规格的发展

API 等级	颁布时间（年）	API 等级	颁布时间（年）
SC	1964	SG	1989
SD	1968	SH/GF—1 *	1994
SE	1972	SJ/GF—2 *	1998
SF	1980	SL/GF—3 *	2000

注：* 为国际润滑剂标准化和批准委员会（ILSAC）标准。

表 2-6 API 柴油机油分类规格的发展

API 等级	颁布时间（年）	API 等级	颁布时间（年）
CD	1972	CG—4	1994
CD—2	1985	CH—4	1998
CE	1988	CI—4	2002
CF—4	1991		

我国引进的高速客车、矿山用车、集装箱车和引进国外技术生产的柴油机使用 CE 和 CF—4 级油，如东风康明斯公司生产的 B、C 系列柴油机已使用 CF—4 级油。

（2）发动机油黏度分类 世界上广泛采用美国汽车工程师学会（SAE）的 SAE J300—2015《发动机油黏度分类》（见表 2-7）。黏度等级以 6 个含 W 的低温黏度级号（0W、5W、10W、15W、20W、25W）和 5 个不含 W 的 100℃运动黏度级号（20、30、40、50、60）表示。前者以最大低温黏度、最高边界泵送温度以及 100℃时的最小运动黏度划分。后者仅以 100℃时的运动黏度划分。

表 2-7 发动机油 SAE 黏度分类

SAE 黏度等级	在相应温度下的最大黏度/(MPa·s)	最高边界泵送温度/℃	最高稳定倾点/℃	100℃运动黏度/($mm^2 \cdot s^{-1}$)	
				最小	最大
0W	3.25，-30℃	-35		3.8	
5W	3.5，-25℃	-30	-35	3.8	
10W	3.5，-20℃	-25	-30	4.1	
15W	3.5，-15℃	-20		5.6	
20W	4.5，-10℃	-15		5.6	
25W	6.0，-5℃	-10		9.3	
20				6.9	<9.3
30				9.3	<12.5
40				12.5	<16.3
50				16.3	<21.9
60				21.9	<26.1

按 SAE 黏度分类的发动机油，还有单黏度级和多黏度级（稠化机油）之分。只能满足低温或高温一种黏度级要求的润滑油为单黏度级润滑油。既能满足低温时的黏度级要求，又能满足高温时的黏度级要求的润滑油叫作多黏度级润滑油。它由低温黏度级号与高温黏度级号组合来表示，例如5W/30、15W/40 等。以 5W/30 为例，这是一种多黏度级发动机油，在低温使用时符合 SAE 5W 黏度级；在 100℃时运动黏度符合 SAE 30 黏度级。

2. 发动机油规格

GB 11121—2006《汽油机油》规定了 SC、SD、SE、SF 四个级别的汽油机油规格；GB

11122—2006《柴油机油》规定了CC、CD两个级别的柴油机油规格；GB 11121—2006《汽油机油》规定了SD/CC、SE/CC、SF/CD三个级别的汽油机油/柴油机油规格。1997年，我国制定了SG、SH、SJ级汽油机油和CF—4级柴油机油的企业标准。

三、发动机油的选择

发动机油的选择应兼顾使用性能级别的选择和黏度级别的选择两个方面。一般制造厂家在车辆出厂时确定，因此，发动机油使用性能级别的选择要严格遵照制造厂家的规定。

1. 使用性能级别的选择

发动机油使用性能级别的选择，主要根据发动机性能、结构、工作条件和燃料品质。

汽油机油使用性能级别的选择一般应考虑以下因素：

1）发动机压缩比、排量、最大功率、最大转矩。

2）发动机油负荷，即发动机功率（kW）与曲轴箱机油容量（L）之比。

3）曲轴箱强制通风、废气再循环等排气净化装置的采用对发动机油的影响。

柴油机油使用性能级别的选择主要考虑发动机的平均有效压力、活塞平均速度、发动机负荷、使用条件和轻柴油的硫含量。

柴油机的强化系数可反映发动机的平均有效压力、活塞平均速度等，强化系数越大，所选择的柴油机油使用性能级别越高。当使用硫含量高的轻柴油或运行条件苛刻时，选用的柴油机油的使用性能级别要相应提高。

2. 黏度级别的选择

发动机油黏度级别的选择主要考虑环境温度（见表2-8）、发动机工况和技术状况等因素。重载低速和高温下应选择黏度较大的发动机油；轻载高速应选择黏度较小的发动机油。新发动机应选择黏度较小的发动机油；磨损严重的发动机应选择黏度较大的发动机油。具体选择使用时应按制造厂家的规定执行。

表2-8　SAE黏度级号适用的气温

SAE黏度级别	适用气温/℃
5W/30	-30~30
10W/30	-25~30
15W/30	-20~30
15W/40	-20~40
20/20W	-15~20
30	-10~30
40	-5~40

四、发动机油的更换

在使用过程中，由于添加剂的消耗，发动机油本身在高温下的氧化，燃烧产物的影响，外部尘埃、水分等的混入，使发动机油劣化变质。发动机油劣化变质后，沉积物增多，润滑性能下降，使零件受到腐蚀和磨损，因此，对在用发动机油应适时更换。

发动机油使用时间长短，不仅与发动机油使用性能有关，还与发动机的状况、维修质量有关。为减缓发动机油变质，延长换油期，必须的技术措施有：

1）正确选择发动机油。

2）认真执行维护作业，维持机械良好的技术状况。

发动机油的更换要根据机械发动机的工作时间来定，称为定期换油；也可以根据在用发动机油的使用性能来定，称为按质换油；还可以采用在发动机油油质监测下的定期换油，必要时可以提前更换。

第四节 车辆齿轮油的合理使用

一、车辆齿轮油的使用性能

车辆齿轮油用于工程机械等车辆机械式变速器、分动器、驱动桥、减速器和转向器等的润滑。车辆齿轮油的作用与发动机油的作用基本相同，起润滑、冷却、防蚀和缓冲作用。车辆齿轮油应具有以下使用性能。

1. 良好的润滑性和极压抗磨性

车辆齿轮油应具有适宜的运动黏度，以保证形成良好的润滑状态。

车辆齿轮多处于混合润滑和边界润滑状态，所以车辆齿轮油的极压抗磨性非常重要。车辆齿轮油的极压性是指油中的极压抗磨剂在高压、高速、高温的苛刻工作条件下，能在齿轮轮齿表面上与金属发生化学反应生成反应膜，防止齿面擦伤或烧结的性质。

车辆齿轮油的润滑性和极压抗磨性的评定，除运动黏度指标外，还要通过四球极压试验机或台架试验来评定。

2. 良好的低温操作性和黏温性

车辆齿轮油也要求在低温下保持必要的流动性，以保证轴承等零件的润滑和齿轮容易起动。车辆齿轮油的工作温度范围也较宽，因此不但要求车辆齿轮油低温起动性好，而且要求高温时黏度不能太小，即有良好的黏温性。

为了保证车辆齿轮油具有良好的低温操作性，除规定了倾点、成沟点和黏度指数等指标外，还特别采用了“黏度达到150Pa·s时的最高温度”这一指标。

3. 良好的热氧化安定性

车辆齿轮油抵抗高温条件下氧化的能力叫作热氧化安定性。

车辆驱动桥使用的齿轮油温度较高，使油的氧化倾向增大，再加上齿轮箱中金属的催化作用，容易使油的作用性能变坏。因此，要求车辆齿轮油在较高温度下不易氧化变质。

对车辆齿轮油热氧化安定性通过齿轮箱模型试验来评定。

4. 良好的抗腐性和防锈性

在车辆齿轮传动装置的工作条件下，齿轮油防止齿轮、轴承腐蚀和生锈的能力叫作抗腐性和防锈性。

齿轮油中加入适当的极压抗磨剂、抗腐剂和防锈剂等，使车辆齿轮油具有良好的抗腐性和防锈性。

车辆齿轮油的抗腐性和防锈性是通过铜片腐蚀试验和防锈性试验来评定的。

车辆齿轮油除上述要求的使用性能外，还仍有一些与发动机油相同的使用性能。例如抗泡沫性、清洁性等。

二、车辆齿轮油的分类和规格

1. 车辆齿轮油的分类

车辆齿轮油按使用性能和黏度进行分类。

（1）车辆齿轮油的使用性能分类　世界上广泛采用美国石油学会（API）的车辆齿轮油使用性能分类法，根据其特性和使用要求等划分为 GL-1、GL-2、GL-3、GL-4、GL-5 和 GL-6 六级（见表 2-9）。

表 2-9　车辆齿轮油 API 使用性能分类

分　类	使用说明	用　　途
GL-1	在低齿面压力、低滑动速度下的车辆螺旋锥齿轮、蜗轮式驱动桥以及各种手动变速器规定用 GL-1 级齿轮油。直馏矿物油能满足这类情况的要求，可以加入抗氧剂、防锈剂和消泡剂改善其性能，但不加摩擦改进剂和极压剂	车辆手动变速器，包括拖拉机和载货车辆手动变速器等
GL-2	车辆蜗轮式驱动桥，由于其负荷、温度和滑动速度的状况，用 GL-1 齿轮油不能满足要求，规定用 GL-2 级齿轮油。通常都加脂肪类物质	蜗轮传动装置
GL-3	滑动速度和负荷比较苛刻的车辆手动变速器和螺旋锥齿轮的驱动桥规定用 GL-3 级油。这种使用条件要求润滑油的负荷能力比 GL-1 和 GL-2 级油高，但比 GL-4 级油低	苛刻条件下的手动变速器和螺旋锥齿轮的驱动桥
GL-4	在低速高转矩、高速低转矩下操作的各种齿轮，特别是客车和其他各种的双曲线齿轮，规定用 GL-4 级齿轮油。适用于其抗擦伤性能等于或优于 CRC RGO-105 参考油。该级油经各种试验证明具有 1972 年 4 月 ASRM SRP 说明的性能水平	手动变速器、螺旋锥齿轮和使用条件不太苛刻的双曲线齿轮
GL-5	在高速冲击负荷、高速低转矩、低速条件下操作的各种齿轮，特别是客车和其他车用的双曲线齿轮，规定用 GL-5 级齿轮油。适用于其抗擦伤性能等于或优于 CRC RGO-1105 参考油。该级油经各种试验证明具有 1972 年 4 月 ASRM SRP 说明的性能水平	适用于操作条件缓和或苛刻的双曲线齿轮及其他各种齿轮，也可用于手动变速器
GL-6	在高速冲击条件下运转的车辆的各种齿轮，特别是大偏移距的双曲线齿轮，偏移距大于 50mm 或接近大齿轮直径的 25%，规定用 GL-6 级齿轮油。适用于其抗擦伤性能等于或优于参考油 L-1000。该级油经各种试验证明具有 1972 年 4 月 ASRM SRP 说明的性能水平	

（2）车辆齿轮油的黏度分类　世界上广泛采用美国车辆工程师学会（SAE）的车辆齿轮油黏度分类法。SAE J306—1998《驱动桥和手动变速器润滑油黏度分类》的规定见

表2-10。本标准采用含字母W和不含字母W的两组黏度等级系列。黏度等级代号由一组数字和字母W（70W、75W、80W、85W四种）或一组数字（80、85、90、140、250五种）组成，共9种。含字母W是冬用齿轮油，以低温黏度达到150Pa·s时的最高温度和100℃时的最低运动黏度划分的。不含字母W的是夏用齿轮油，以100℃运动黏度范围划分。

表2-10 SAE车辆齿轮油黏度分类

SAE黏度级号	黏度达到150Pa·s时的最高温度/℃	100℃时的运动黏度/($mm^2 \cdot s^{-1}$)	
		最低	最高
70W	-55	4.1	
75W	-40	4.1	
80W	-26	7.0	
85W	-12	11.0	
80		7.0	11.0
85		11.0	13.5
90		13.5	<24.0
140		24.0	<41.0
250		41.0	

黏度等级也有单黏度等级和多黏度等级之分，一个多黏度等级的车辆齿轮油，其低温黏度满足表2-9中一个含W级的要求，并且100℃运动黏度在一个不含W级规定的黏度范围之内。例如85W/90，它既满足85W的低温性能要求，又满足90号黏度级别的100℃时的运动黏度要求。

（3）我国车辆齿轮油的分类　目前我国车辆齿轮油的黏度分类是根据标准GB/T 17477—1998《驱动桥和手动变速器润滑剂黏度分类》，其方法与SAE黏度分类相同，而车辆齿轮油的使用性能只分为CLC、CLD、CLE三类，其中CLC相当于普通车辆齿轮油，CLD相当于中负荷车辆齿轮油，CLE相当于重负荷车辆齿轮油，分别与API（美国石油学会）的车辆齿轮油使用性能分类中的GL—3、GL—4、GL—5相对应。其详细分类见表2-11。

表2-11 我国车辆齿轮油分类

分　类	组成、特性和使用说明	使用部位
CLC	精制矿物油加抗氧剂、缓蚀剂、抗泡剂和少量极压剂等制成。适用于中等速度和负荷比较苛刻的手动变速器和弧齿锥齿轮的驱动桥	手动变速器和弧齿锥齿轮的驱动桥
CLD	精制矿物油加抗氧剂、缓蚀剂、抗泡剂和极压剂等制成。适用于低速高转矩和高速低转矩下操作的各种齿轮，特别是客车和其他各种车辆用的双曲面齿轮	手动变速器和弧齿锥齿轮的驱动桥和使用条件不太苛刻的双曲面齿轮的驱动桥
CLE	精制矿物油加抗氧剂、缓蚀剂、抗泡剂和极压剂等制成。适用于在高速冲击载荷、低速高转矩和高速低转矩下操作的各种齿轮，特别是客车和其他各种车辆用的双曲面齿轮	操作条件缓和或苛刻的双曲面齿轮及其他各种齿轮的驱动桥，也可用于手动变速器

参照SAE黏度分类，我国车辆齿轮油按黏度为150Pa·s时的最高温度和100℃时的运

动黏度分为7个黏度牌号（见表2-10），其中包括4个低温黏度牌号（冬季用油）和3个高温黏度牌号（春、夏、秋季用油）。常见的多黏度等级齿轮油有80W/90、85W/90等。

2. 车辆齿轮油规格

我国现行的车辆齿轮油规格或技术条件有SH/T 0350—1992《普通车辆齿轮油》、JT 224—1996《中负荷车辆齿轮油安全使用技术条件》和GB 13895—1992《重负荷车辆齿轮油（GL—5）》。

普通车辆齿轮油分为80W/90、85W/90和90三个黏度牌号，中负荷车辆齿轮油分为80W/90、85W/90和90三个黏度牌号，重负荷车辆齿轮油（GL—5）分为75W、80W/90、85W/90、85W/140、90和140六个牌号。表2-12为我国重负荷车辆齿轮油（GL—5）的规格。

表2-12　重负荷车辆齿轮油规格

项　目		质量指标					
黏度等级		75W	80W/90	85W/90	85W/140	90	140
运动黏度（100℃）/$mm^2 \cdot s^{-1}$		≥4.1	13.5~<24.0	13.5~<24.0	24.0~<41.0	13.5~<24.0	24.0~<41.0
倾点/℃		报告					
表观黏度达150Pa·s的温度/℃	不高于	-40	-26	-12	-12		
闪点（开口）/℃	不低于	150	165	165	180	180	200
成沟点/℃	不高于	-45	-35	-20	-20	-17.8	-6.7
黏度指数	不低于	报告				75	75

三、车辆齿轮油的选择

与发动机油一样，车辆齿轮油的选择也包括使用性能级别的选择和黏度级别的选择两个方面。

1. 使用性能级别的选择

车辆齿轮油使用性能级别的选择，决定于齿面压力、滑移速度和油温等工作条件，一般根据齿轮类型和传动装置的功能来选择车辆齿轮油的使用性能级别。通常驱动桥工作条件苛刻，而双曲线齿轮式主减速器更为苛刻，对齿轮油使用性能要求较高。

2. 黏度级别选择

车辆齿轮油黏度级别的选择，主要根据最低气温和最高油温，并考虑车辆齿轮油换油周期较长的因素。

车辆齿轮油的黏度应既能保证低温下的车辆起步，又能满足油温升高后的润滑要求。如前面所述，车辆齿轮油以表观黏度为150Pa·s时作为低温流动性的极限，所以在SAE黏度分类中表观黏度为150Pa·s时的最高温度，就是保证低温操作性能的最低温度。如表2-10和表2-12所示，黏度级别代号含75W、80W和85W的双曲线齿轮油最低温度分别是-40℃、-26℃、-12℃。

第五节　车辆润滑脂的合理使用

一、车辆润滑脂的使用性能

润滑脂是由基础油、稠化剂和添加物（添加剂和填料）组成，俗称黄油。

润滑脂能长时间抹在金属表面上不流失，并且易于涂着和清除，在垂直表面上也有保持足够厚度的能力，使被涂抹的物件与空气隔绝，可以作为轻金属的保护材料和密封材料，也可以使用在难以密封的摩擦面上，以及难以及时有规律加注润滑剂的摩擦副中，如车辆轮毂、闭式滚动轴承等。

润滑脂的结构是指润滑脂的稠化剂和基础油组分颗粒的物理排列。润滑脂是具有结构骨架的分散体系，基础油是这种分散体系中的分散介质，稠化剂粒子或纤维构成骨架，即分散相，将基础油保持在骨架中。

润滑脂的主要作用是润滑、保护和密封，绝大多数润滑脂用于润滑，称为减摩润滑脂。由于对分散或简单的摩擦副，利用润滑脂润滑具有简单方便等优点，所以车辆上有许多部件应用润滑脂润滑。如轮毂轴承、各拉杆球节、联轴节、钢板弹簧、发电机轴承、水泵轴承、离合器分离轴承和传动轴花键等。

考虑润滑脂的结构特性和用脂部位的工作条件，车辆润滑脂应具有以下使用性能。

1. 适当的稠度

稠度指像润滑脂一类的塑性物质在受力作用时抵抗变形的程度。稠度是一个与润滑脂所在部位上的保持能力和密封、与润滑脂的泵送和加注方式有关的重要性能。稠度级号是润滑脂代号的组成部分，是润滑脂选择时的主要参考依据。

评定润滑脂稠度的指标是锥入度。润滑脂的稠度级号（见表2-13）即以锥入度划分。

锥入度是指在规定的时间和温度条件下，标准锥体沉入润滑脂的深度，以1/10mm为单位。

表2-13　按锥入度划分的润滑脂级号

NLGI级号	000	00	0	1	2	3	4	5	6
工作锥入度范围(25℃)/(0.1mm)	445～475	400～430	355～385	310～340	265～295	220～250	175～205	130～160	85～115
状态	液态	几乎成液状	极软	非常软	软	中	硬	非常硬	极硬或固体

2. 良好的低温性

良好的低温性指的是润滑脂在寒冷地区使用时，仍能保持良好的润滑性能。评定润滑脂低温性指标是相似黏度。

润滑脂不是牛顿液体，但仍按牛顿液体的黏度概念表示，在一定温度和一定剪切速率下，将润滑脂流动时的切应力与剪切速率的比值称为润滑脂的相似黏度。由于润滑脂的相似黏度以温度和剪切速率两个固定条件为前提，因此对相似黏度要注明这两个前提条件。例如，车辆通用锂基润滑脂规格中相似黏度表示为“相似黏度（$-20℃$，$10s^{-1}$），Pa·s”。

3. 良好的高温性

温度升高，润滑脂变软，使得润滑脂附着性能降低而易于流失。另外，在较高温度条件下还易使润滑脂的蒸发损失增大、氧化变质和分油现象严重。高温性好的润滑脂可以在较高的使用温度下保持其附着性能，其变质失效过程也较缓慢。

评定润滑脂高温性的指标有滴点、蒸发量、漏失量和分油量。

滴点是指在规定的试验条件下，润滑脂达到一定流动性的温度。一般用“滴点”判定润滑脂的最高使用温度，通常要求润滑脂的最高使用温度比其滴点低30℃以上。例如：通用锂基脂的滴点为180℃，其适用温度为120℃。

4. 良好的抗水性

润滑脂遇水后抵抗结构和稠度改变的性能叫作润滑脂的抗水性。

抗水性差的润滑脂，遇水后往往造成稠度降低，甚至乳化而流失。车辆用润滑脂润滑的底盘各摩擦点可能与水接触，则要求润滑脂具有良好的抗水性。

评定润滑脂抗水性的指标是水淋流失量。

5. 良好的缓蚀性

润滑脂的缓蚀性是指润滑脂防止零件锈蚀、腐蚀的性能。

缓蚀作用机理是润滑脂能在金属表面保持足够的脂层，防止金属表面被腐蚀。此外，有的润滑脂能吸收腐蚀性气体或液体，以免零件遭受侵蚀。

评定润滑脂的缓蚀性能是通过防腐蚀性试验、腐蚀试验和测定游离碱。

二、车辆润滑脂的分类和规格

1. 车辆润滑脂的分类和产品标记

车辆润滑脂的分类及其产品标记是依据GB/T 7631.8—1990《润滑剂和有关产品（L类）的分类 第8部分：X组（润滑脂）》，根据润滑脂的操作条件（表2-14）确定的。形式如下：

L—X　[最低温度代号]　[最高温度代号]　[水污染条件下抗水性、缓蚀性代号]　[负荷条件 稠度级号]

例如：L—X　C　C　H　A　2

其中　L——类别（润滑剂）；

X——组别（润滑脂）；

C——最低工作温度（$-30℃$）；

C——最高工作温度（120℃）；

H——水污染（经受水洗、淡水能防锈）；

A——负荷条件（非极压型脂）；

2——稠度等级（2号　工作锥入度265~295）。

2. 车辆润滑脂的规格标准

车辆润滑脂的规格标准有GB/T 5671—1995《汽车通用锂基润滑脂》、SH 0369—1992

《石墨钙基润滑脂》、GB 7324—1987《通用锂基润滑脂》、SH 0039—1990《工业凡士林》。

表 2-14　润滑脂按操作条件分类

<table>
<tr><th colspan="4">操作温度</th><th colspan="5">水污染</th><th>负荷条件</th></tr>
<tr><th rowspan="2">最低温度/℃</th><th rowspan="2">字母</th><th rowspan="2">最高温度/℃</th><th rowspan="2">字母</th><th colspan="2">环境条件</th><th colspan="2">缓蚀性</th><th rowspan="2">综合性字母</th><th rowspan="2">字母和备注</th></tr>
<tr><th>字母</th><th>备注</th><th>字母</th><th>备注</th></tr>
<tr><td>0</td><td>A</td><td>60</td><td>A</td><td rowspan="3">L</td><td rowspan="3">干燥环境</td><td>L</td><td>不防锈</td><td>A</td><td rowspan="4">A：非极压型脂</td></tr>
<tr><td>-20</td><td>B</td><td>90</td><td>B</td><td>M</td><td>淡水存在下的缓蚀性</td><td>B</td></tr>
<tr><td>-30</td><td>C</td><td>120</td><td>C</td><td>H</td><td>盐水存在下的缓蚀性</td><td>C</td></tr>
<tr><td>-40</td><td>D</td><td>140</td><td>D</td><td rowspan="3">M</td><td rowspan="3">静态潮湿环境</td><td>L</td><td>不防锈</td><td>D</td></tr>
<tr><td>< -40</td><td>E</td><td>160</td><td>E</td><td>M</td><td>淡水存在下的缓蚀性</td><td>E</td><td rowspan="5">B：极压型脂</td></tr>
<tr><td></td><td></td><td>180</td><td>F</td><td>H</td><td>盐水存在下的缓蚀性</td><td>F</td></tr>
<tr><td rowspan="3"></td><td rowspan="3"></td><td rowspan="3">>180</td><td rowspan="3">G</td><td rowspan="3">H</td><td rowspan="3">水洗</td><td>L</td><td>不防锈</td><td>G</td></tr>
<tr><td>M</td><td>淡水存在下的缓蚀性</td><td>H</td></tr>
<tr><td>H</td><td>盐水存在下的缓蚀性</td><td>I</td></tr>
</table>

三、车辆润滑脂的选择

润滑脂的选择包括润滑脂品种（即使用性能）和稠度级号的选择。润滑脂的品种是根据工作温度、工作环境、负荷和转速、水污染和极压性来选择的。车辆润滑脂的应用部位和品种选择见表 2-15。

表 2-15　车辆润滑脂的应用部位和品种选择

润滑脂	应用部位
汽车通用锂基润滑脂（GB/T 5671—1995）或 2 号通用锂基润滑脂（GB 7324—1987）	轮毂轴承、水泵轴承、起动机轴承、发电机轴承、离合器分离轴承和底盘用脂润滑部位
石墨钙基润滑脂（SH/T 0369—1992）	钢板弹簧
工业凡士林（SH 0039—1990）	蓄电池接线柱

第六节　发动机冷却液的合理使用

一、发动机冷却液的使用性能

工程机械发动机广泛采用强制循环水冷却系，冷却液即为发动机水冷却系中带走高温零件热量的一种工作介质。为保证工程机械发动机正常工作和延长发动机的使用寿命，发动机冷却液应具有以下使用性能。

1. 冰点低、沸点高

冰点就是在没有过冷情况下冷却液开始结晶的温度，或者在有过冷情况下结晶开始，短时间内停留不变的最高温度。若工程机械在低温条件下停放时间较长，而发动机冷却液的冰点达不到应有的温度，则发动机的冷却水套和散热器就会被冻裂。因此，要求发动机冷却液防冻性好。

沸点是在发动机冷却系与外界大气压相平衡的条件下，冷却液开始沸腾的温度。发动机冷却液在较高温度下不沸腾，可保证工程机械在满载、高负荷、高速条件下，或在山区、热带夏季正常行驶或作业。

因此，要求发动机冷却液冬天防冻、夏天防沸。

2. 良好的防腐蚀性

发动机冷却液如果对金属有腐蚀性，就会影响发动机的正常工作。

为使发动机冷却液有良好的防腐性，要保持冷却液呈碱性状态，要求发动机冷却液的pH在7.5~11.0，超出范围将对防腐蚀性产生不利的影响。

3. 不易产生水垢，抗泡沫性好

水垢对发动机冷却系的散热强度影响很大。试验表明，水垢的导热系数比铸铁小几十倍，比铝合金小100~300倍。

发动机冷却液如果产生过多的泡沫，不仅会降低传热效率、加剧气蚀，而且会造成冷却液溢流。

发动机冷却液需要加入抗腐蚀剂、清洁剂和着色剂等添加剂来改善使用性能。

发动机冷却液的使用性能是通过理化指标和使用性能试验保证的。

二、发动机冷却液的种类

发动机常用的冷却液有冷却水和防冻液两种。

1. 冷却水

发动机使用的冷却水应该是清洁的软水，如雪水、雨水和自来水等。因为硬水中含有大量的矿物质，在高温作用下，矿物质易从水中沉析出来而产生水垢，水垢积附在管道和高温零件的内壁上，易造成管道堵塞和高温零件散热困难等。

自然界中的河水、海水和井水等都是硬水，需作软化处理后才能使用。常用的软化剂是碳酸氢钠（纯碱）和氢氧化钠（烧碱）。在需要处理的硬水中，按1L水加0.5~1.5g碳酸氢钠，或1L水加0.5~0.8g氢氧化钠的比例加入软化剂，待生成的杂质沉淀后，取上面的清洁水注入冷却系中。

2. 防冻液

在严寒的季节，发动机不工作时，冷却系的水会结冰，使气缸体和气缸盖冻裂。为了防止这一弊端并减少注放水工作，通常采用低冰点的防冻液作为冷却介质。防冻液的配合比例及对应的冰点见表2-16。

防冻液的体积随温度的升高而变化，所以加入冷却系的防冻液体积应比冷却系的总容量少5%~6%。同时注意，在用乙二醇—水型防冻液作防冻液时，因该液有毒，使用时应特别小心，不要进入口中。

三、发动机冷却液的合理使用

1）所选用的发动机冷却液的冰点要低于环境最低气温10℃左右。

2）按发动机的负荷性质选择制造厂要求的发动机冷却液。

3）不同厂家、不同牌号的发动机冷却液不能混用。

4）对浓缩液进行稀释时，应使用软化水。

5）经常检查发动机冷却液的液面高度和冷却系的密封性。

6）更换周期遵从制造厂的规定，并经常观察冷却液的颜色、气味等是否有变化。

7）因冷却液沸点较高且具有良好的抗金属腐蚀性，因此最好在夏季也使用。

表2-16　防冻液的配合比例及对应冰点

冰　点/℃	酒精－水型	甘油－水型	乙二醇－水型
	酒精的质量分数（%）	甘油的质量分数（%）	乙二醇的质量分数（%）
-5	11.3	21	—
-10	19.5	32	28.4
-15	26.0	43	32.8
-20	31.0	51	38.5
-25	35.1	58	45.3
-30	40.6	64	47.8
-40	55.1	73	54.7
-50	71.0	—	59.9

第七节　液压油的合理使用

一、液压油的使用性能

液压油是液压传动与控制系统中用来传递能量的液体工作介质。除了传递能量外，它还起着润滑、冷却、保护（缓蚀）、密封、清洁和减振等作用。液压系统能否可靠有效的工作，在一定程度上取决于液压油的性能。特别是在液压元件已定型的情况下，液压油的性能与正确应用则成为首要问题。因此，必须正确地掌握液压油的各种理论性质，合理地使用液压油，从而减少液压系统的故障。

油液的品质取决于基油及所用的添加剂，如果它们的任何性能恶化，或者添加剂组合的平衡被破坏，液压油就不可能具有良好品质。因此，基础油、添加剂的选择及组合很重要。液压油的使用性能如表2-17所示。

二、液压油的种类

液压油主要有矿油型油和不燃性型油两大类。我国现在采用ISO 6743/4—1999（国家标准GB/T 7631.2—2003）的规定对液压油分类。表2-18规定了L类（润滑剂、工业用油和相关产品）的H组（液压系统）产品的详细分类。其中工程机械常用的为HM、HV和HS

三种。液压油的黏度分级是将液压油按 40℃ 运动黏度分为 N15、N22、N32、N46、N68、N100 和 N150 七个牌号。

表 2-17　液压油的使用性能

项　目	使 用 性 能
压缩性	压缩性尽可能小，响应性好
黏性	温度及压力对黏度的影响小，具有低温流动性，剪切安定性好
润滑性	具有对元件的滑动部位的充分润滑性，能防止异常磨损和卡咬等现象的发生
安定性	不因热、氧化或水解而生成腐蚀性物质，沉渣生成量小，寿命长
缓蚀性、耐蚀性	对铁及非金属的缓蚀性及耐蚀性良好
脱气性消泡性	油液中裹携的气泡及液面上的泡沫少，且容易消除
破乳化性	除含水液压油外的油液，油水分离容易
清净性	尽可能不包含污染物，当污染物从外部侵入时，要能迅速分离，使之来不及作用于液压元件而产生不良影响
相容性	不能引起密封件、橡胶软管、涂料等变质
防火性	燃点高，挥发性小，最好具有不燃性
毒性	不得有毒性和异味，应无公害
其他	长期保存或紫外线照射不引起析出物沉淀 针对不同用途，具有橡胶—金属及金属—金属之间的防爬行性 难燃性

表 2-18　液压油（液）品种分类

<table>
<tr><th>组别符号</th><th>特殊应用</th><th>更具体应用</th><th>组成和特性</th><th>产品符号
ISO-L</th><th>典 型 应 用</th><th>备　　注</th></tr>
<tr><td rowspan="10">H</td><td rowspan="10">流体静压系统</td><td rowspan="10">用于要求使用环境可接受液压液的场合</td><td>无抗氧剂的精制矿油</td><td>HH</td><td></td><td></td></tr>
<tr><td>精制矿油，并改善其缓蚀和抗氧性</td><td>HL</td><td></td><td></td></tr>
<tr><td>HL 油，并改善其抗磨性</td><td>HM</td><td>有高负荷部件的一般液压系统</td><td></td></tr>
<tr><td>HL 油，并改善其黏温性</td><td>HR</td><td></td><td></td></tr>
<tr><td>HM 油，并改善其黏温性</td><td>HV</td><td>建筑和船舶设备</td><td></td></tr>
<tr><td>无特定难燃性的合成液</td><td>HS</td><td></td><td>特殊性能</td></tr>
<tr><td>甘油三酸酯</td><td>HETG</td><td rowspan="4">一般液压系统（可移动式）</td><td rowspan="4">每个品种的基础液的含量（质量分数）应不少于70%</td></tr>
<tr><td>聚乙二醇</td><td>HEPG</td></tr>
<tr><td>合成酯</td><td>HEES</td></tr>
<tr><td>聚 α 烯烃和相关烃类产品</td><td>HEPR</td></tr>
</table>

（续）

组别符号	特殊应用	更具体应用	组成和特性	产品符号 ISO-L	典型应用	备　注
H	流体静压系统	液压导轨系统	HM油，并具有抗黏-滑性	HG	液压和滑动轴承导轨润滑系统合用的机床在低速下使振动或间断滑动（黏-滑）减为最小	这种液体具有多种用途，但并非在所有液压应用中皆有效
		用于使用难燃液压液的场合	水包油型乳化液	HFAE		通常含水量（质量分数）大于80%
			化学水溶液	HFAS		通常含水量（质量分数）大于80%
			油包水乳化液	HFB		
			含聚合物水溶液	HFC		通常含水量（质量分数）大于35%
			磷酸酯无水合成液	HFDR		
			其他成分的无水合成液	HFDU		
	流体动力系统	自动传动系统		HA		
		偶合器和变矩器		HN		

一个特定液压油产品的表示形式为ISO-L-HV32，或缩写为L-HV32，数字表示GB/T 3141中规定的黏度等级。

1）L-HL液压油，又称为HL通用机床液压油。我国过去研制生产的通用型机床工业用润滑油就属于HL液压油品种，该液压油分为N15、N22、N32、N46、N68、N100六个牌号。

HL液压油常用于低压系统，如轴向柱塞泵，但不适用于叶片泵。HL油也适用于要求换油期较长的轻负荷机械的油浴式非循环润滑系统。

2）L-HM液压油，又称为HM抗磨液压油。HM油在HL油基础上进一步改善极压抗磨性，因而抗磨性好是其突出特点，故适用于低、中、高压液压系统。

3）L-HV液压油，又称为低温（或低凝）液压油、工程液压油、高黏度指数液压油、稠化液压油。液压油是用深度脱蜡的精制矿物油或与合成烃油的混合油为基础油，加入黏度指数改进剂，极压抗磨剂、抗氧剂、防锈剂等多种添加剂调制而成的。

HV液压油除具备HM液压油相同的优良性能外，还具有低温流动性好的优点（倾点在$-30℃$以下）；低温输送性好（如32号HV油在$-18℃$的低温黏度为$1500mm^2/s$）；此外低温起动性也好。

HV 液压油由于加有抗剪切安定性良好的增黏剂，使黏度指数达 130 以上，黏温性能好，温度敏感性小，即低温黏度小，高温下能保持一定黏度，因而 HV 液压油的适用温度范围宽。

HV 液压油适用于野外操作的中高压液压系统，特别适用于冬季北方寒冷地区的工程机械液压系统。

4）L-HS 液压油，又称为合成低温液压油。HS 低温液压油是在 HM 油的基础上改善其黏温特性，以满足低温条件下液压操作的要求。采用低凝低黏度的合成油、半合成油或矿物油为基础油加入稠化剂等添加剂而制成，黏度指数大于 130，所以又称为高黏度指数液压油，即低温性能优良的抗磨液压油。

HS 液压油为合成油或半合成油为基础油，其低温性能优于 HV 低温液压油，适用于北方严寒地区的工程机械液压系统。

HS 液压油为合成烃蓝色透明液体，具有更好的低温起动性，适用于 -40℃以下严寒地区野外作业的液压设备和中高压（8 ~ 16MPa）及高压（16 ~ 32MPa）液压设备的液压系统。

三、液压油的合理使用

1. 液压油的选用

对于工作持续时间较长，具有高压、低速、大转矩和大流量等特点的施工机械，夏季工作温度可达 80℃，则应选用黏度牌号较高的液压油；对于室外露天寒区或严寒地区作业的施工机械，应选用 HV 或 HS 高黏度指数低温液压油，以保证系统的低温性能，并使系统冬、夏用油一致，以免更换频繁。地下作业或水下作业的液压设备，工作压力和温度较低时选用 HL 或 HM 油，当压力达到 14MPa、工作温度为 80 ~ 100℃时，选用 HM 油。

2. 合理使用液压油的要点

（1）换油前液压系统要清洗　液压系统首次使用液压油前，必须彻底清洗干净，在更换同一类别不同品种的液压油时，也要用新换的液压油冲洗 1 ~ 2 次。

（2）液压油不能随意混用　如已确定选用某一牌号液压油则必须单独使用。未经液压设备生产制造厂家同意和没有科学根据时，不得随意与不同黏度牌号液压油，或是同一黏度牌号但不是同一厂家的液压油混用，更不得与其他类别的油混用。

（3）注意液压系统密封的良好　使用液压油的液压系统必须保持严格的密封，防止泄漏和外界各种尘杂水液介质混入。

（4）根据换油指标及时更换液压油　对液压设备中的液压油应定期取样化验，一旦油中的理化指标达到换油指标后（单项达到或几项达到）就要换油。

3. 液压油的更换

对正在使用的液压油应定期取样化验分析。若不具备分析条件，应按机械说明书规定周期换油。换油步骤为：

1）首先更换液压油箱中的液压油，将油箱中的液压油放掉，并拆卸总油管、严格清洗油箱及滤清器。可先用指定的化学清洗剂清洗液压油箱，待晾干后，用新液压油冲洗，在放尽冲洗油后再加入新液压油。

2）起动内燃机，以低速运转，使液压泵开始动作，分别控制操纵各机构，用新油将系统各回路的旧油逐一排出，排出的旧油不得流入液压油箱，直至总回油管中有新油流出后停止液压泵转动。在各回路换油时，应注意不断向液压油箱中补充新液压油，以防液压泵吸空。

3）回油管与油箱连接，最后将各元件置于工作初始状态，往油箱中补充液压油至规定位置。

复习与思考题

1. 车用汽油的使用性能有哪些？
2. 车用汽油的牌号有哪些？如何划分的？
3. 如何选用和安全保管汽油？
4. 车用柴油的使用性能有哪些？
5. 车用柴油标准和规格有哪些？
6. 如何选用车用柴油？
7. 发动机油的使用性能有哪些？
8. 如何进行发动机油的分类和规格的划分？
9. 选择发动机油应该注意什么？
10. 车辆齿轮油的使用性能有哪些？
11. 怎样选择车辆齿轮油？
12. 车辆润滑脂的使用性能有哪些？
13. 车辆润滑脂的产品标记组成内容有哪些？
14. 发动机冷却液的使用性能有哪些？
15. 发动机冷却液的使用应注意的事项有哪些？
16. 工程机械使用的液压油的使用性能有哪些要求？
17. 合理使用液压油的要点是什么？

第三章

工程机械的合理使用

本章提要

本章重点介绍推土机、装载机、铲运机、平地机、挖掘机和压路机的合理使用。通过学习，学生应能够掌握各种工程机械的类型、工作装置、合理使用和安全操作规程等内容。

第一节 推 土 机

一、推土机用途

推土机的用途十分广泛，是铲土运输机械中最常用的作业机械之一，在土方施工机械中占有十分重要的地位。推土机在公路、铁路、机场、港口等交通运输建设中，在矿山开采、农田改造、水利兴建、大型电站和国防建设施工中发挥着巨大的作用。

推土机是一种多用途的自行式土方工程机械，它能铲挖并移运土壤。例如，在道路建设施工中，推土机可完成路基基底的处理，路侧取土横向填筑高度不大于1m的路堤，沿道路中心线向铲挖移运土壤的路基挖填工程，傍山取土，修筑路基。此外，推土机还可用于平整场地，堆集松散材料，清除作业地段内的障碍物等。

推土机操纵灵活，运转方便，所需工作面较小，行驶速度快，易于转移，能爬30°左右的缓坡，因此应用范围较广。多用于场地清理和平整、开挖深度1.5m以内的基坑，填平沟坑，以及配合铲运机、挖掘机工作等。此外，在推土机后面可安装松土装置，破、松硬土和冻土，也可拖挂羊足碾进行土方压实工作。推土机可以推挖一、二、三类土，四类土以上需经预松后才能作业，经济运距100m以内，效率最高为60m左右。

二、推土机分类

1. 按发动机功率分类

推土机按发动机功率大小可分为小型推土机（37kW以下）、中型推土机（37～250kW）和大型推土机（250kW以上）三类。

2. 按行走装置分类

推土机按其行走装置分为履带式推土机和轮胎式推土机两大类。履带式推土机接地比压较小，附着牵引力大，爬坡能力强，但行驶速度低，适用于条件较差的地带作业；轮胎式推土机行驶速度快，灵活性好，但接地比压较大，附着性能较差，适用于经常变换工地和良好土壤作业。

3. 按铲刀安装方式分类

按铲刀安装方式的不同，可分为固定式和回转式两种，固定式又称直铲式。这种方式因铲刀的角度不可调，现在只用于小型推土机上。回转式因铲刀的角度可以调整因而可以实现斜铲和侧铲，扩大了推土机的作业范围。现在大型、中型推土机一般都采用回转式。

4. 按传动方式分类

按传动方式不同又分为机械传动式推土机、液力机械传动式推土机和全液压传动式推土机。机械传动式推土机结构简单、维修方便，但牵引力不能适应外阻力变化；液力机械传动式推土机车速和牵引力可随着外阻力变化而变化，操纵便利，作业效率高，但制造成本高，维修较难；全液压传动式推土机作业效率高，操纵灵活，转向性能好，但工地维修较难，制造成本高，适用大功率推土机对大型土方作业。当前，随着液压技术的提高，已有了较广泛的推广和应用。

目前，我国生产的推土机有：T180、T240、T320、TL180、TL210、TY160、TY220、TY320型和TSY220型等数种。推土机的分类表示方法见表3-1。现在只有液压操纵品种，机械式的已经不生产，因此对液压式的特性代号“Y”字母可不予标注。

表3-1　推土机的分类表示方法

组	型	特性	代号	代号含义	主参数	
					名称	单位表示法
推土机T（推）	履带式	Y（液） S（湿）	T TY TS	机械操纵履带推土机 液压操纵履带推土机 湿地履带推土机	功率	kW
	轮胎式L（轮）		TL	液压操纵轮胎推土机		

三、推土机工作装置

1. 推土装置

推土机工作装置包括推土装置和操纵机构两部分。推土装置用来推移和切削土壤。按照推土机铲刀安装的方式不同，推土机可分为固定式和回转式两种。

固定式推土机的工作装置如图3-1所示。固定式推土装置的铲刀位置是固定不变的，与基础车的纵向轴线固定成直角，仅切削角可以作小量调整，故此类推土机称为正铲式或直铲式推土机，适用于小型及经常重载作业的推土机。固定式推土铲较回转式推土铲质量轻、使用经济性好、坚固耐用、承载能力大，多用于小型推土机和承受重载作业的大型履带式推土机，这种推土机作业时只能进行正向前进推土，而不能进行侧向移土和侧向开挖。

回转式推土机的工作装置如图 3-2 所示。回转式铲刀可在水平面内转动一定的角度（一般 α 为 0° ~ 15°，如图 3-3a所示），实现斜铲作业。如果将铲刀在垂直平面倾斜一个角度（一般 δ 为 0° ~ 9°，如图 3-3b 所示），则可实现侧铲作业。由于这种推土机的作业范围较宽，既适合平面作业，又可以根据作业要求进行一定深度的侧向开挖，适合在斜坡上横向作业，或用于除根、除荆，所以，该推土机也称为万能推土机。

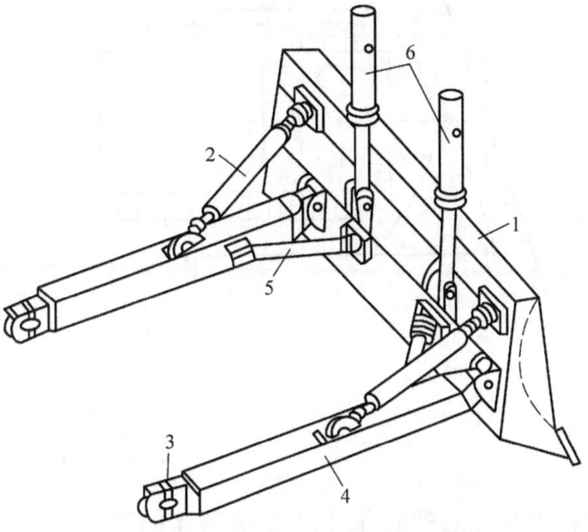

图 3-1　固定式推土机的工作装置
1—推土铲刀　2—斜撑　3—连接柄
4—顶推架　5—水平斜撑　6—液压缸

现代大、中型履带式推土机多安装固定式推土铲，也可换装回转式的。通常，向前推铲土石方、平整场地或堆积松散物料时采用直铲作业；傍山铲土或单侧弃土时应采用斜铲作业；在斜坡上铲削土壤或铲挖边沟时，则采用侧铲作业。

2. 松土工作装置

松土工作装置是履带推土机的一种主要附属工作装置，通常配置在大、中型履带式推土机上，以扩大推土机的适用范围。松土装置在推土机车架的尾部，是一种液压悬挂装置，可与推土机、铲运机进行配套作业，预松或凿裂坚实土壤和岩层，提高铲运效率。

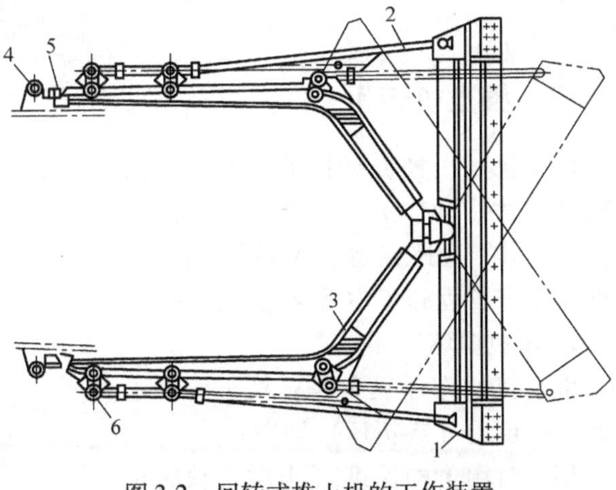

图 3-2　回转式推土机的工作装置
1—推土铲刀　2—斜撑　3—顶推门架
4—支承座　5、6—耳座

松土装置又称松土器或裂土器，广泛用于硬土、黏土、软岩、黏结砾石的预松作业，也可凿裂层理发达的岩石，开挖露天矿山，用以替代传统的爆破施工方法，提高施工的安全性，降低生产成本。

对难以凿入的岩石，可采用预爆破施工工艺，先对岩层实施轻微爆破，然后再进行裂土，此法比完全爆破法安全，节省费用，也有利于环境保护。预爆破可将岩石分裂成碎块，便于铲运机铲运，同时改善了松土器的初始凿入效果。

松土器的结构可分为铰链式、平行四边形式、可调整平行四边形式和径向可调式四种基本形式。现代松土器多采用平行四边形连杆机构、可调式平行四边形连杆机构和径向可调式连杆机构。松土装置的基本构造如图 3-4 所示。

松土工作装置主要由支撑架、上拉杆、下拉杆、横梁、提升液压缸及松土齿等组成，整

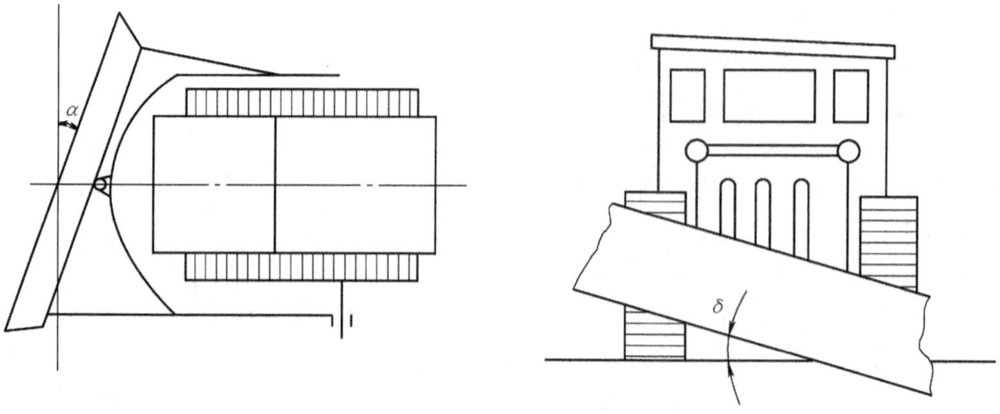

图3-3　回转式铲刀
a）铲刀平斜　b）铲刀侧倾

个松土装置悬挂在推土机后桥箱体的支撑架上。松土齿用销轴固定在松土齿架的齿套内，松土齿杆上设有多个销孔，改变齿杆的销孔固定位置，即可改变松土齿杆的工作长度，调节松土器的松土深度。

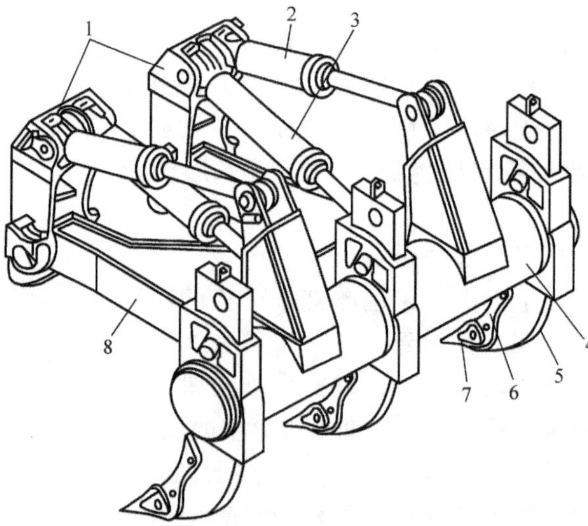

图3-4　松土装置的基本构造
1—安装架　2—倾斜液压缸　3—提升液压缸　4—横梁
5—齿杆　6—保护盖　7—齿尖　8—松土器臂

四、推土机运用

推土机是一种循环作业机械，它具有机动性大、动作灵活、能在较小的工作面上工作、短距离运土效率高的特点，因此是土方工程施工中最常用的机械。

1. 作业循环

推土机的作业循环是：切土—推土—卸土—倒退（或折返）回空。

切土时用Ⅰ档速度（土质松软时也可用Ⅱ档），以最大的切土深度（100～200mm）在最短的距离（6～8m）内推成满刀，开始下刀及随后提刀的操作应平稳。推土时用Ⅱ档或Ⅲ档，为保持满刀土推送，应随时调整推土刀的高低，使其刀刃与地面保持接触。卸土时按照施工要求，或者分层铺卸，或者堆卸。往边坡卸土时要特别注意安全，其措施一般是在卸土时筑成向边坡方向一段缓缓的上坡，并在边上留一小堆土，如此逐步向前推移。卸土后在多数情况下是倒退回空，回空时尽可能用高速档。

（1）直铲作业　直铲作业是推土机最常用的作业方法，用于将土和石渣向前推送和场地平整作业。其经济作业距离为：小型履带推土机一般为50m以内；中型履带推土机为50～100m，最远不宜超过120m；大型履带推土机为50～100m，最远不宜超过150m；轮胎式推土机为50～80m，最远不宜超过150m。

（2）侧铲作业 侧铲作业主要用于傍山铲土、单侧弃土。此时推土板的水平回转角一般为左右各25°。作业时能一边切削土壤，一边将土壤移至另一侧。侧铲作业的经济运距一般较直铲作业时短，生产率也低。

（3）斜铲作业 斜铲作业主要应用在坡度不大的斜坡上铲运硬土及挖沟等作业，推土板可在垂直面内上下各倾斜9°。工作时，场地的纵向坡度应不大于30°，横向坡度应不大于25°。

（4）松土器的劈开作业 一般大、中型履带式推土机的后部都可悬挂液压松土器。松土器有多齿和单齿两种。多齿松土器挖凿力较小，主要用于疏松较薄的硬土、冻土层等。单齿松土器有较大的挖凿力，除了能疏松硬土、冻土外，还可以劈裂风化岩和有裂缝或节理发达的岩石，并可拔除树根。用重型单齿松土器劈松岩石的效率比钻孔爆破法高。为了提高劈松岩石的能力，也可用推土机助推。

2. 推土作业方法

推土机常用的推土方法有拉槽推土法、分段推土法、多刀推土法、并列推土法及下坡推土法等。在施工中，上述方法经常是两种或两种以上方法结合运用。

（1）拉槽推土法 拉槽推土法的特点是连续多次在同一处切土推土作业，借助槽沟的两侧壁作运土时的挡壁，以防止推土过程中土壤散失。槽沟的深度与推土机的类型有关，一般以400～500mm（不宜超过推土刀高度的1/2）为宜。拉槽推土法一般只适用于Ⅰ、Ⅱ级土壤地区。

如果在推土机刀片两侧加焊挡板，也可起到拉槽推土的作用。

（2）多刀推土法 在较宽的取土场内，推土机按分段切土，自近而远均将各段所切土壤运至各段的切土终点处，等作业线上积聚起若干个土堆后，再由远而近用以土拥土的办法叠送至填方处。多刀推土法和下坡推土法结合使用，能显著提高生产率。

（3）并列推土法 当运土距离较长（50～100m）时，可采用2～3台推土机并列作业，这样推土量可增加15%～30%。并列推土时，各机的速度要一致，两推土铲刀之间要保持30～50cm间隔，这就要求驾驶员要有较熟练的操作技术。

3. 推土机小时生产率计算

（1）推土机小时生产率P_h（m^3/h），按下式计算：

$$P_h=\frac{3600q}{T_V K_S}$$

式中 T_V——从推土到将土送到填土地点的循环延续时间，单位为s；

q——推土机每次的推土量，单位为m^3；

K_S——土的可松性系数。

（2）推土机台班生产率P_d（m^3/台班），按下式计算：

$$P_d=8P_h K_B$$

式中 K_B——时间利用系数，一般在0.72～0.75。

4. 推土机安全操作规程

1）推土机驾驶员必须经过正规技术培训，取得岗位证书后方准单独驾驶。

2）推土机驾驶员要先了解施工现场地形、地质和有关危险地段的情况，如确有危险地段，应先做好施工标记，并采取相应的安全措施。

3）操作前要认真检查推土机各部分有无松动和变形，钢丝绳、滑轮组、绞盘运转是否正常，液压传动系统是否有漏油现象，推土铲刀、顶推架、斜撑等各部件连接是否牢固可靠，轮胎式推土机轮胎气压是否足够，夜间施工时施工现场照明是否良好。

4）在操作时，接合主离合器、后绞盘锥形离合器和分离转向离合器时都应缓慢而平稳地进行；在任何情况下都不准使离合器处于半接合状态，以免摩擦片过热并加剧磨损；推土机不转弯时，不准将脚踏在制动踏板上，以免制动带磨损或制动毂被烧毁。

5）推土机作业时应用低速档，严禁超负荷，转弯时必须先拉方向杆，再踏下制动踏板，转弯完毕，必须先松开制动踏板，再放回方向杆；变换档位时，必须先分离主离合器。

6）推土机在陡坡上工作，禁止急转弯；下坡时禁止挂空档或分开主离合器；拖动或牵引其他机械时不得急转弯。

7）推土机不准在25°以上的坡道上横向行驶，当坡度超过30°时，推土机不可在坡上作业。上、下坡作业时，应尽量少换档位。长时间在坡道上作业，应周期性地在平地上停机2～5min，以保证推土机各传动件润滑良好，减少磨损。

8）推土机列队行进时，前后车应保持20m的距离。检查、调整、润滑推土机时，应将推土铲刀落回地面、发动机停止运转后进行。

第二节　装　载　机

一、装载机用途

装载机是一种用途十分广泛的工程机械，装载机可用于铲装土壤、砂石、石灰、煤炭等散状物料，并可自行完成短距离运土及对松散物料的收集清理和松软土层的轻度铲掘工作、平整地面或配合运输车辆作装土使用。换装不同的辅助工作装置还可进行铲土、推土、起重和其他物料（如木材）的装卸作业。

装载机广泛用于公路、铁路、建筑、水电、港口、矿山等建设工程领域。在道路、特别是在高等级公路施工中，装载机用于路基工程的填挖、沥青混合料和水泥混凝土料场的集料与装料等作业。此外，还可进行推运土壤、刮平地面和牵引其他机械等作业。由于装载机具有适应性强、作业速度快、效率高、机动性好、操作轻便等优点，因此，它成为工程建设中土石方施工的主要机种之一。

二、装载机分类

1. 按铲斗的额定装载重量分类

装载机可分为小型（小于10kN）、轻型（10～30 kN）、中型（30～80 kN）、重型（大于80 kN）四种。

2. 按其行走装置分类

装载机可分为履带式装载机和轮胎式装载机两种。

履带式装载机以专用底盘或工业拖拉机为基础车，装上工作装置并配装操纵系统而构成。履带式装载机行驶速度慢、装载效率低、转移不灵活且对场地有破坏作用，在土方工程中已基本被轮胎式装载机取代。

轮胎式装载机由动力装置、车架、行走装置、传动系统、转向系统、制动系统、液压系统和工作装置等组成，其结构简图如图 3-5 所示。轮胎式装载机行驶速度快、转移方便，可在城市道路上行驶，因此使用较为广泛。

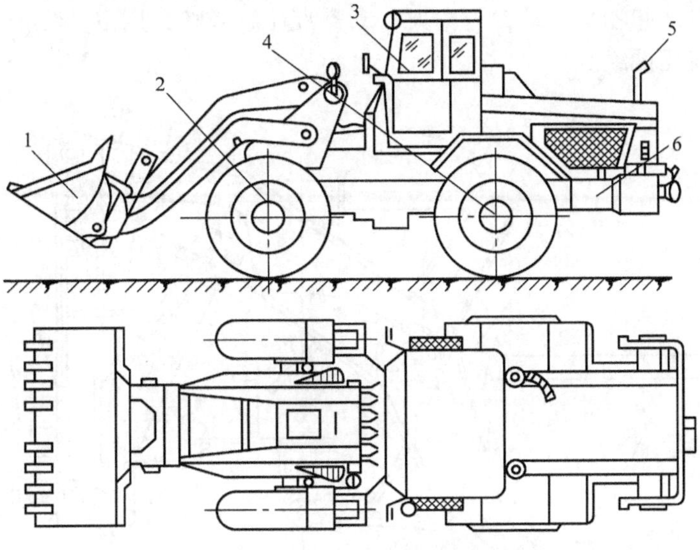

图 3-5　轮胎式装载机结构简图

1—装载装置　2—前桥　3—驾驶室　4—后桥　5—发动机　6—车架

3. 按机身结构分类

装载机可分为车身整体式和车身铰接式两种。

4. 按回转方式分类

装载机可分为全回转、半回转和非回转式装载机。

全回转式装载机回转台能回转 360°，可在狭窄场地作业，卸料时对机械停放位置无严格要求；半回转式装载机可在半圆范围内任意位置卸料；非回转式装载机要求作业场地较宽。

5. 按传动方式分类

装载机按传动方式可分为机械传动式、液力机械传动式和液压传动式。目前装载机传动形式大多数采用液力机械传动。

装载机型号表示方法见表 3-2。

表 3-2　装载机型号表示方法

组	型	特性	代号	代号含义	主参数	
					名称	单位表示法
装载机 Z（装）	履带式	—	Z	履带装载机	装载能力	t×10
	轮胎式 L（轮）	—	ZL	液压操纵轮胎装载机		

三、装载机工作装置

工作装置是装载机的重要组成部分，装载机的铲掘和装卸物料作业是通过其工作装置的运动来实现的。装载机工作装置由动臂、摇臂、连杆和铲斗组成的四连杆机构，铲斗液压缸与动臂液压缸及液压系统等组成。能保证铲斗在地面放平装料，装满物料后转动铲斗，使斗口向上；并在动臂提升过程中，铲斗作平行移动；还使铲斗在最大提升高度时，能满足卸料所需的倾斜角度，如图3-6所示。整个工作装置铰接在车架上。铲斗通过连杆和摇臂与转斗液压缸铰接，用以装卸物料。动臂与车架、动臂液压缸铰接，用以升降铲斗。铲斗的翻转和动臂的升降采用液压操纵。

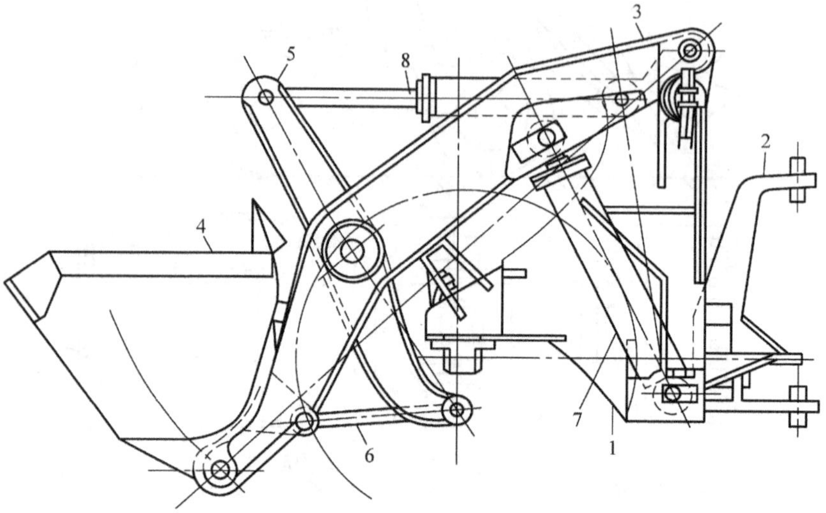

图3-6 装载机的工作装置
1—前台架 2—转向轭 3—动臂 4—铲斗 5—摇臂
6—连杆 7—动臂液压缸 8—转斗液压缸

1. 铲斗和动臂

铲斗通过连杆和摇臂与转斗液压缸铰接，是装卸物料的工具，为钢板焊接结构。动臂与车架、动臂液压缸铰接，是工作装置的主要承力构件，用以升降铲斗。动臂外形有直线或曲线两种，一般常用的为曲线形动臂。

2. 连杆机构

如图3-7所示ZL50型装载机，*A*、*B*、*C*、*D*四个铰点和*D*、*E*、*F*、*G*四个铰点各构成一个四连杆机构，这两个四连杆机构构成整个工作装置的连杆机构。

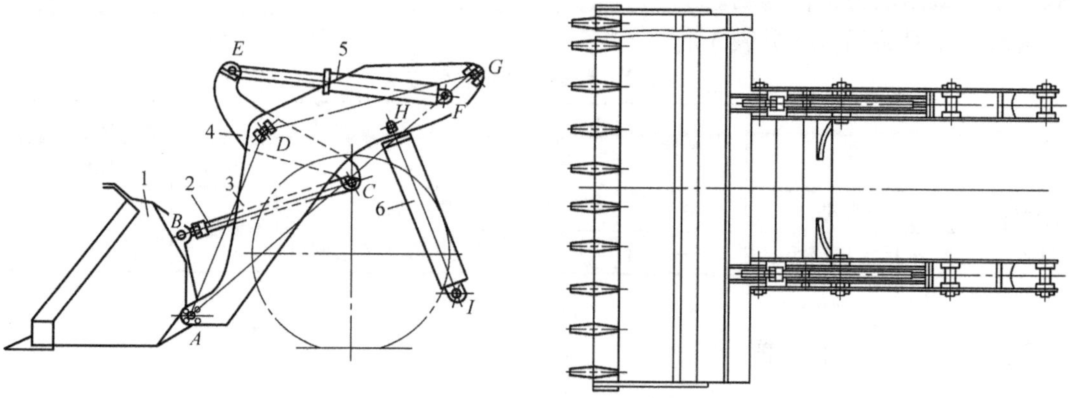

图3-7 ZL50型装载机工作装置
1—铲斗 2—连杆 3—动臂 4—摇杆 5—铲斗液压缸 6—动臂液压缸

在装载机作业时，连杆机构应保证铲斗上下平动或接近平动，以免铲斗倾斜而撒落物料。通常要求铲斗在动臂整个运动过程中角度变化不应超过15°。卸料时，无论动臂处于任何位置，铲斗的卸料角度都不得小于45°，卸料后，动臂下降时又能使铲斗自动放平。

综合国内外装载机工作装置的结构形式，按连杆机构的构件数不同，分为三杆式、四杆式、五杆式、六杆式和八杆式等；按输入和输出杆的转向是否相同又分为正转连杆机构和反转连杆机构等。

3. 装载机工作装置液压操纵系统

铲斗的翻转和动臂的升降采用液压操纵。装载机工作装置的液压操纵系统主要由液压油箱、齿轮泵、分配阀、双作用安全阀、动臂液压缸、转斗液压缸等组成，如图3-8所示。

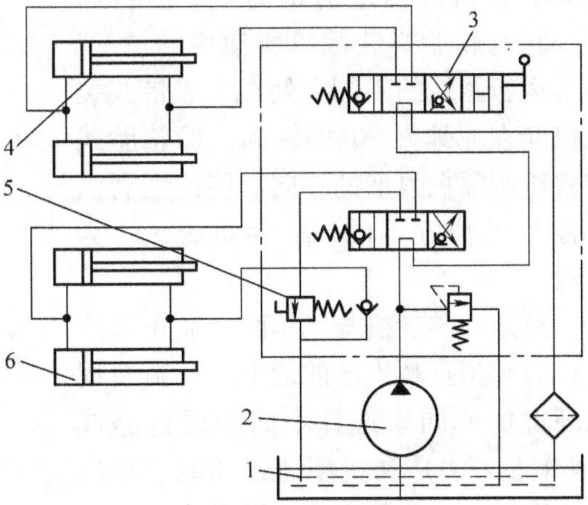

图3-8　装载机液压操纵系统
1—液压油箱　2—齿轮泵　3—分配阀　4—动臂液压缸
5—双作用安全阀　6—转斗液压缸

四、装载机运用

1. 施工组织

装载机与汽车配合施工时，其转移卸料的路线与车辆位置配合的好坏，对其生产率影响甚大，因此，应有较好的施工组织。其基本原则是根据料场大小和物料堆积的情况尽可能做到来回行驶距离最短，转弯次数最少。下面介绍几种常用的运行路线。

(1) 交替进退配合装车的路线　当场地较窄时，可采用这种运行路线，如图3-9所示。这种运行路线两者进退的距离较短，缺点是有相互等待的干扰。

(2)“V”字形装车运行路线　“V”形装车运行路线，如图3-10所示，就是汽车装车时停止不动，装载机倒退较长的距离，然后转向前去卸料。因其运行路线成一“V”字形，故称“V”形作业法。此法适用于场地较宽的场合。

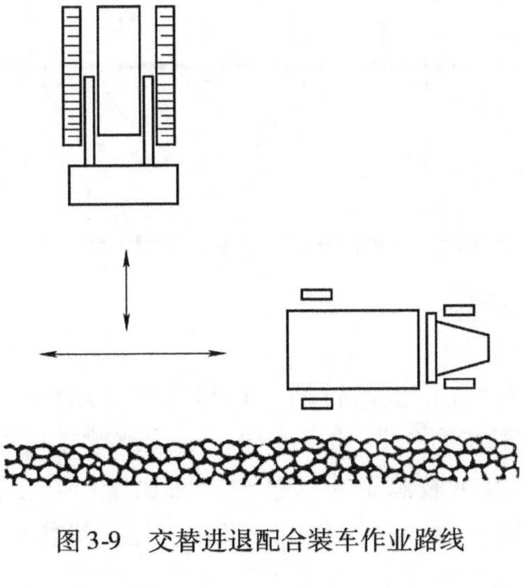

图3-9　交替进退配合装车作业路线

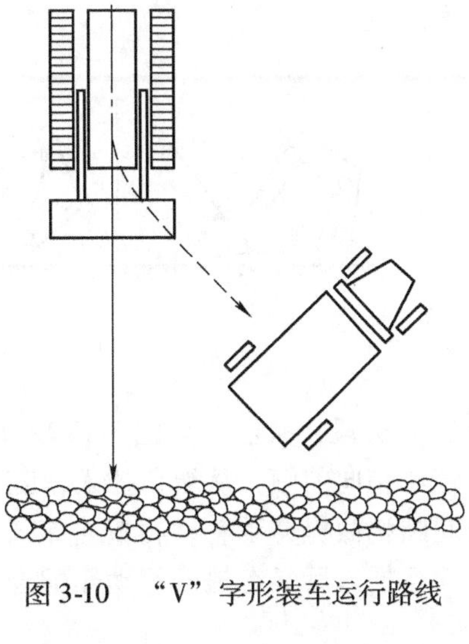

图3-10　“V”字形装车运行路线

（3）直角形装车的运行路线　直角形装车的运行路线，如图3-11所示，适用于履带式装载机的铲运作业。采用这种运行路线时，装载机倒退后再作90°转向向前驶去卸料，机械倒退的距离短，但转向大。它与轮胎式装载机所使用的“V”字形运行路线的不同之处在于履带式装载机能在原地做90°的转向，而轮胎式装载机则需做弧形的转向。因此两者汽车停放的位置不同，一为斜放，一为直放。

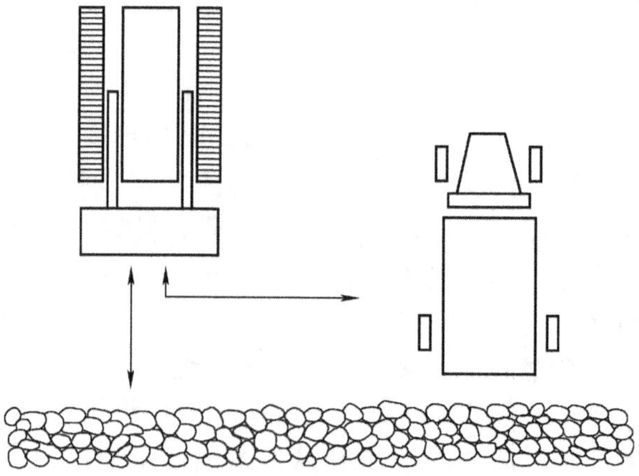

图3-11　直角形装车的运行路线

总之，装载机与汽车配合装车作业时，必须根据料堆场的地形、材料及周围环境的不同来选择不同的运行路线（或作业方法）和机型。若场地松软或凹凸不平时，一般宜选用履带式装载机；反之可选用轮胎式装载机。

2. 铲掘方法

装载机的生产能力，在很大程度上取决于铲装时铲斗的充满系数，正确的铲装方法和熟练的操作技术，可得到较好的铲斗充满系数，而不致产生附加的载荷。装载机铲装作业的方法主要有以下几种：

（1）一次铲装法　如图3-12所示，装载机直线前进，铲斗刀刃插入料堆，直至铲斗后壁与料堆接触。在铲斗插入时，装载机用一档或二档低速前进，然后铲斗翻转到水平位置。在铲斗翻转过程中，装载机停止不动。待铲斗提升到运输位置（距地面300～400mm），后退驶离工作面，直到卸载点后，铲斗再提升到卸载高度，将物料卸到运输车辆中。

此法是最简单的铲装方法，对操作人员的操作水平要求不高，但由于铲斗一次插入深度大，其作业阻力大，因而要求装载机有较大的插入力，并需要较大功率来克服铲斗上翻时的转斗阻力。此法仅用在铲装松散物料（如砂、煤等）时使用。

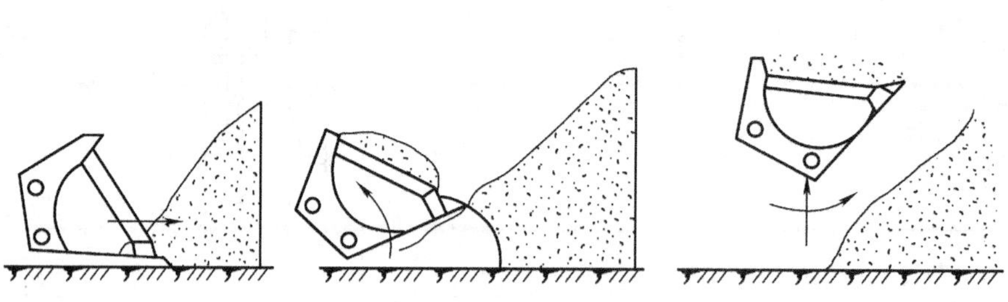

图3-12　一次铲装法

（2）分段铲装法　如图3-13所示，此法是将铲斗依次进行插入动作和提升动作。其过程是铲斗稍向前倾，从坡角插入，随着铲斗插入工作面0.2～0.5m深，一边继续慢速切入，一边间断稍微提升动臂，再配合铲斗间断上翻，直至装满铲斗。这种方法由于铲斗插入不深，而且插入后又有提升等动作配合，所以插入阻力较小，作业比较平稳，但其操作水平要求较高。此法适用于铲装较硬的土壤。

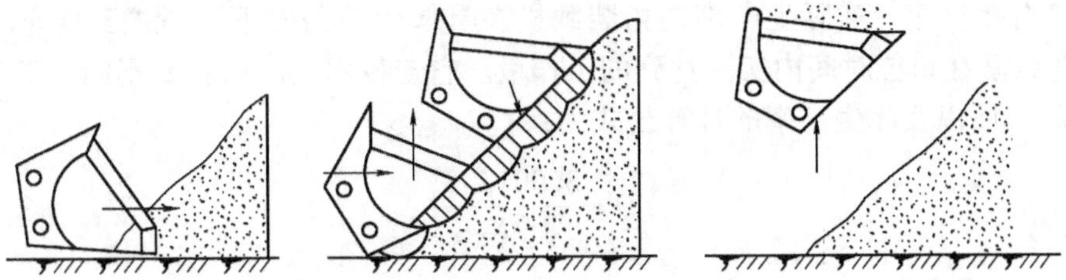

图 3-13　分段铲装法

（3）分层铲装法　如图 3-14 所示，分层铲装时，装载机向工作面前进，铲斗稍向前倾，随着铲斗切入工作面，缓慢提升动臂，在铲斗齿刃离开料堆后，铲斗才转到运输位置。此法适用于挖掘土丘或铲装块状物料。

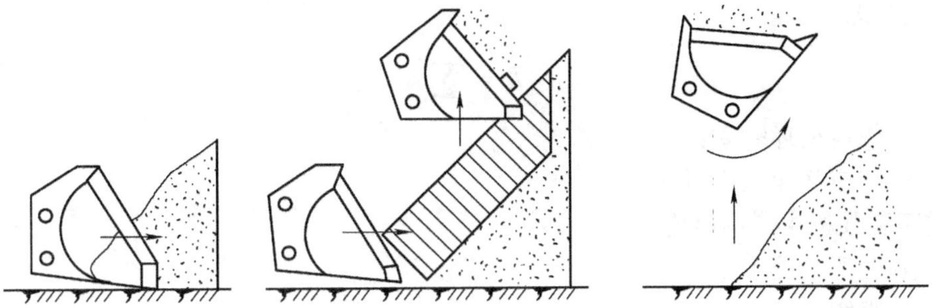

图 3-14　分层铲装法

3. 卸载作业

装载机驶向自卸汽车或指定料场卸料时，应对准车厢或卸货台，逐渐将动臂提升到一定高度（使铲斗前翻不致碰到车厢或卸货台），操纵铲斗手柄前倾卸料。

4. 装载机生产率计算

装载机的生产率是指装载机在单位时间内所完成的工作量（m^3/h），它既是衡量装载机生产能力的技术指标，又是装载机的选用依据。

装载机生产率的计算，按照是否考虑时间利用率的因素可分为两种：

（1）技术生产率　技术生产率是指装载机在一定的生产条件下，正确地组织生产过程，掌握先进的操作方法，在每小时所能完成的最大工作量，其计算公式为：

$$Q=\frac{3600VK_1}{TK_2}$$

式中　Q——技术生产率，单位为 m^3/h；

V——铲斗额定容量，单位为 m^3；

K_1——铲斗充满系数；

T——装卸一铲斗所需的循环作业时间，单位为 s；

K_2——物料松散系数，通常取 $K_2 = 1.25$。

（2）实际生产率　实际生产率是指装载机在具体生产条件下，考虑到停车、维修、转移工作面等因素在单位时间内实际达到的工作量。它与技术生产率主要不同在于考虑了时间利用系数 K_c，所以实际生产率的计算公式为：

$$Q = \frac{3600VK_1K_c}{TK_2}$$

式中　Q——实际生产率，单位为 m^3/h；

K_c——时间利用系数，在正常技术水平和组织条件下，可取 $K_c = 0.75 \sim 0.85$。

（3）作业循环时间的确定　一个作业循环时间主要由以下几个工序的时间组成：即铲掘装斗时间 t_1；提升铲斗至运输位置时间 t_2；满载后运输至卸料地点时间 t_3；提升动臂至卸载高度时间 t_4；卸料时间 t_5；把工作装置下降至运输位置时间 t_6；装载机返回工作面时间 t_7；其他所需辅助时间（换档、转向等）t_8。

计算时注意一些工序的平行作业，如 t_3 和 t_4，t_6 和 t_7 等，计算时同时作业的重叠时间，只计算一次。即：

$$T = \sum t_i$$

式中　T——作业循环时间；

t_i——相应作业工序时间。

5. 提高装载机生产率措施

1）选择合适的施工方法。

2）合理组织装运。

3）选用合适的铲斗。

4）保持铲斗斗齿良好技术状况。

5）发挥一机多用的作用。

6. 装载机安全操作规程

1）装载机的操作者应经过认真的岗位培训，熟练地掌握装载机的构造、技术性能、操作方法及维护、保养的要求，取得岗位培训合格证书才能上机操作。

2）作业前要对机械各部分进行全面认真检查并进行空载试运转，确认无故障后才能投入正常使用。

3）不准超载作业，装载机在作业中严禁人员在铲斗、动臂下方通过或停留，除驾驶室内，机上任何部位不得有人乘坐。

4）装载机作业中不准高速行驶和急转弯。下长坡道时，严禁发动机熄火滑行。

5）作业场地狭小或有较大的障碍物时，应先清除、平整，再进行铲、装作业。当铲装阻力较大，出现机械打滑时应立即停止铲装，切不可强行操作。

6）铲斗满载通过大坡时，应低速缓行，到达坡顶，机械重心开始转移时，应立即踏制动踏板停车，然后再慢慢松开制动踏板，以减少机械颠簸、冲击。

7）装载机作业完毕应驶入机棚内停放。坡道上停车应在轮胎一侧垫上止滑物。夏天应将装载机停在阴凉处，防止日光暴晒，以防造成发动机过热。

第三节　铲　运　机

一、铲运机用途

铲运机是利用装在前、后轮轴之间的铲运斗，在行驶中顺序进行土壤铲削、装载、运输和铺卸土壤作业的铲土运输机械。它能独立地完成铲土、装土、运土、卸土各个工序，还兼有一定的压实和平整土地的功能。适于中等距离运土（拖式铲运机 100 ~ 1500m 运距内效率较高，自行式铲运机可达 5000m 或更长）。与挖掘机和装载机配合自卸载货汽车施工相比较，具有较高生产率和经济性。铲运机由于其斗容量大，作业范围广，主要用于大土方量的挖填和运输作业，广泛用于公路、铁路、工业建筑、港口建筑、水利、矿山等工程中，是应用最广的土方工程机械。

铲运机由铲斗、走行装置、操纵机构和牵引机等组成，其工作过程如图 3-15 所示，主要包括铲土、装土、运土、卸土和回程等几个过程。

铲装：铲运机挂低档行驶，放下铲斗，打开斗门，铲斗底部铲刀切土，土被强行挤入铲斗，直至铲斗装满，关闭斗门，提升铲斗。

运输：挂中、低档运行至卸土地点。

卸土：到卸土地点后打开斗门，卸土板强制推出斗中土，并可利用铲刀刮平土层。

回程：高档快速回到取土区。

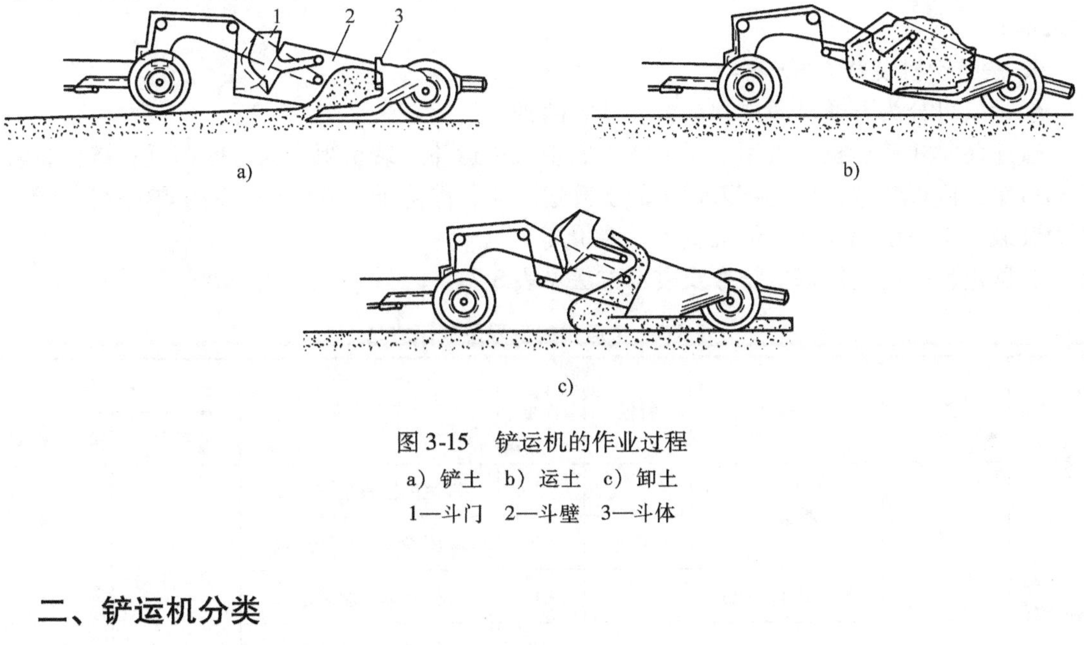

图 3-15　铲运机的作业过程

a）铲土　b）运土　c）卸土

1—斗门　2—斗壁　3—斗体

二、铲运机分类

1. 按运行方式分类

铲运机可分为拖式和自行式两种。

拖式铲运机是利用履带式拖拉机为牵引装置拖动铲土斗进行作业，其铲运斗行走装置为双轴轮胎式。铲土斗几何容量为 6 ~ 7m^3，适合在 100 ~ 300m 的作业范围内使用。拖式铲运机对地面条件要求低，具有接地比压小、附着力大和爬坡能力强等优点；自行式铲运机又称轮胎式铲运机，由牵引车和铲运斗两部分组成，近年来发展较快，是采用专门底盘并与铲土斗铰接在一起进行铲、运土作业。铲土斗几何容量最大的可达 $40m^3$，并且行驶速度较快，适合在300～3500m的作业范围使用。行驶速度快，生产率高，适合于中、长距离铲运土方，但对地面及道路要求较高，对于紧密土质需要采用推土机助铲。

2. 按铲土斗几何容量分类

铲运机可分为小型（斗容量小于 $4m^3$）、中型（斗容量为 $6\sim15m^3$）、大型（斗容量为 $15\sim30m^3$）和特大型（斗容量大于 $30m^3$）。

3. 按操纵系统分类

铲运机可分为液压操纵式和机械（钢丝绳）操纵式两种。

液压操纵式依靠双作用液压缸操纵铲运斗升降、斗门开关和卸土。铲土切土效果好，操作简单方便，动作均匀平稳，能缩短装土距离，能强制关斗门，减少漏土；机械操纵式利用拖拉机上动力绞盘，通过钢丝绳操纵铲运斗和斗门。铲运斗靠自重切土，深度较浅，会增大装土距离，要求操作技术高。钢丝绳磨损大。

4. 按卸土方式分类

铲运机可分为强制卸土式、半强制卸土式和自由卸土式三种类型。

强制卸土式铲运机铲运斗内的推板向前移动而将土强制卸出。卸土干净，消耗功率大，结构强度要求高，适合于铲运黏湿土；半强制卸土式铲运机铲运斗可以转动，使土在自重和推力双重作用下卸出。卸土功率较小，自重轻。对黏湿土卸不干净；自由卸土式铲运机铲运斗向后翻转靠土的自重卸落。卸土功率小，卸土不彻底，对黏土和潮湿土的卸土效果不好。

5. 按铲运机装载方式分类

铲运机可分为普通装载式和链板装载式两种。

普通装载式铲运机是利用牵引力将土屑挤入铲运斗，装土阻力大，效率低；链板装载式铲运机是以链板装载机构将铲刀切出的土升送入斗，能降低装斗阻力，装土效率高，能边转弯边装载，不需使用助铲，但机重大，造价高。

我国定型生产的铲运机型号及表示方法见表3-3。

表3-3　铲运机的型号及表示方法

类	组	型	特性	代号	代号含义	主参数	
						名称	单位表示法
铲土运输机械	铲运机 C（铲）	履带式		C	机械操纵履带铲运机	铲斗几何容积	m^3
			Y（液）	CY	液压操纵履带铲运机		
		轮胎式 L（轮）		CL	液压操纵轮胎铲运机		
		拖式 T（拖）		CT	机械操纵拖式铲运机		
			Y（液）	CTY	液压操纵拖式铲运机		

自行式铲运机主要技术性能见表3-4。

表 3-4 自行式铲运机主要技术性能

机械型号			CL7	CL9	621E	631E	SM150
发动机	型号		6135K-12d	6135K-12d	CAT3406B	CAT3408	SKODAMS634
	额定功率/kW		141.3	141.3	246	336	148×2（双台）
	额定转速/（$r\cdot min^{-1}$）		2100	2100	1900	2000	2000
液压系统压力/MPa			10	14	15.5	15.86	
转向系统压力/MPa				17.2			
铲斗	平装容量/m^3		7	9	10.7	16.1	10.6
	堆尖容量/m^3		9	11	15.3	23.7	15
	切削宽度/mm		2700	2700	3023	3512	2850
	切土深度/mm		300	300	333	437	220
	卸土方式		强制式	强制式	强制式	强制式	强制式
	操纵方式		液压	液压	液压	液压	液压
行走机构	车速/($km\cdot h^{-1}$)	一档前进	6	7	5	6.1	9
		（后退）	6	7	(9.2)	(7.6)	(18)
		二档前进	13	14	9	10.7	19
		（后退）	13	14	9	10.7	19
		三档	28	24	11.4	14.5	21
		四档	36	40	15.4	19.5	42
		五档			20.8	26.4	
		六档			28.2	35.6	
		七档			38.0	48.3	
		八档			51.3		
	最小转弯半径/m		7	7	10.9	12.217	
	最小离地间隙/mm		420	400	523	545	470
	制动距离/m			≤20			
	制动气压/MPa			0.68～0.7			
车轮	前轮数		2	2	2	2	2
	后轮数		2	2	2	2	2
	前轮规格		23.5-25-16PR		33.25-29	37.25-35	26.5-29
	后轮规格		23.5-25-16PR		33.25-29	37.25-35	26.5-29
	前轮胎/后轮胎充气压力/MPa		0.32/0.35	0.39/0.42			0.4/0.4
	轴距/mm		5927	5920	7720	8769	7200
	前轮距/mm		2100	2100	2210		2200
	后轮距/mm		2100	2100	2180	2464	2200
外形尺寸	长/mm		10025	10000	12930	14282	13170
	宽/mm		3292	3292	3470	3938	3140
	高/mm		3000	2996	3590	4286	3550
整机质量/t			17.3	17.7	30.479	43.945	25.6
生产厂			郑州工程机械厂		卡特彼勒(徐州)公司		黄河机械厂

三、铲运机工作装置

1. 拖式铲运机的工作装置

CT6 型铲运机的工作装置，如图 3-16 所示。它由铲土斗、拖杆、辕架、尾架、操纵机构和行走机构等组成。

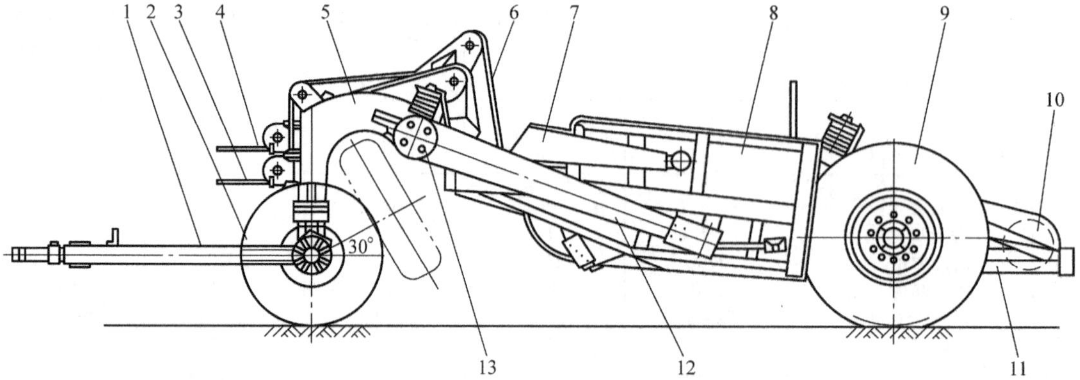

图 3-16　CT6 型铲运机的工作装置

1—拖杆　2—前轮　3—卸土钢丝绳　4—提斗钢丝绳　5—辕架曲梁　6—斗门钢丝绳　7—前斗门　8—铲土斗体　9—后轮　10—蜗形器　11—尾架　12—辕架臂杆　13—辕架横梁

如图 3-16 所示，拖杆一端连接铲运斗，另一端与履带式拖拉机连接。行走装置由两根半轴上的后轮和一根前轴上的前轮组成，车轮为充气橡胶轮胎。钢丝绳操纵机构由提升钢丝绳、卸土钢丝绳、拖拉机后部的绞盘、斗门钢丝绳和尾架上的蜗形器等组成。在作业中操纵系统可分别控制铲土斗的升降，斗门的开启、关闭，强制式卸土板的前移。卸土板的复位是靠蜗形器来完成的。如图 3-17 所示，蜗形卷筒钢丝绳的一端连接于卸土板的背部，另一端绕过蜗形器上的蜗形卷筒绳槽固定在蜗形器壁上；弹簧筒钢丝绳一端绕在蜗形器的圆形卷筒上，另一端穿过回位弹簧连接在弹簧压盘上。卸土板的复位是由回位弹簧的张力拉动蜗形卷筒钢丝绳来进行的。

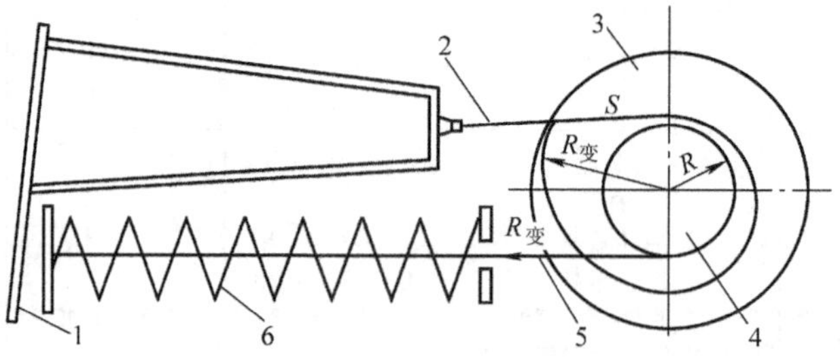

图 3-17　蜗形器工作原理

1—卸土板　2—蜗形卷筒钢丝绳　3—蜗形卷筒　4—圆形卷筒　5—圆形卷筒钢丝绳　6—回位弹簧

铲土斗由铲土斗体和前斗门等组成，是铲运机的主体结构。在铲土斗体的前面除了有可以启闭的前斗门外，还安装有切土的刀片。刀片中间稍突出，以减少铲土作业中的阻力。在斗体的后部装有尾架和蜗形器，斗体内部后壁设有强制卸土的卸土板。

2. 自行式铲运机的工作装置

自行式铲运机一般由单轴牵引车和铲土斗两部分组成，如图 3-18 所示。牵引车为铲运机的动力头，由发动机、传动系统、转向系统、车架等组成。铲土斗是铲运机的作业装置，其基本结构与拖式铲运机的铲土斗类似。

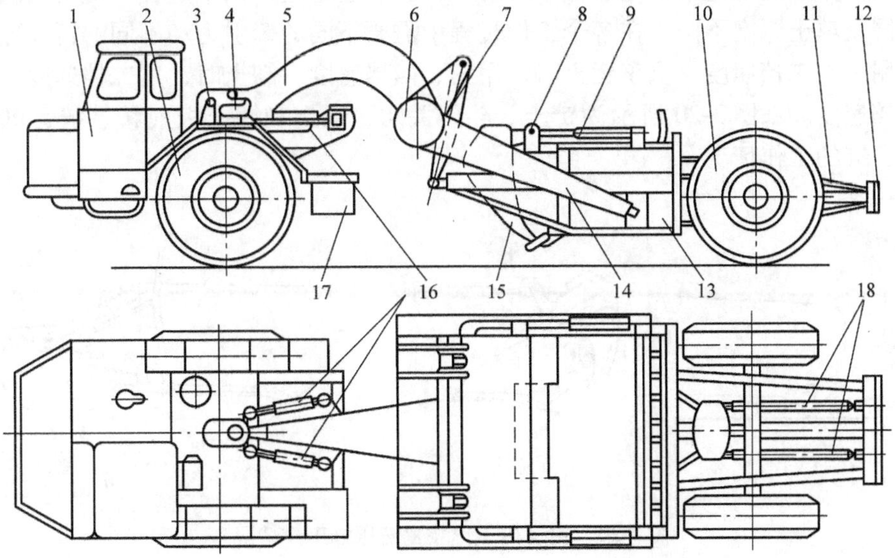

图 3-18 CL7 型自行式铲运机总体构成

1—牵引车 2—前轮 3—支架 4—主销 5—辕架曲梁 6—辕架横梁 7—铲土斗液压缸
8—斗门杠杆 9—斗门液压缸 10—后轮 11—尾架 12—顶推板 13—铲土斗体
14—辕架臂杆 15—斗门 16—转向液压缸 17—传动箱 18—强制卸土液压缸

自行式铲运机为液压操纵，即铲斗升降、斗门启闭、卸土板前后移动均由各自的液压缸控制。液压缸的压力油由发动机驱动的液压泵供给，CL7 型自行式铲运机工作装置液压系统详见图 3-19 所示。自行式铲运机铲土斗的尾端装有顶推板，借助顶推板增加牵引力，适应铲土作业的需要，提高作业效率。

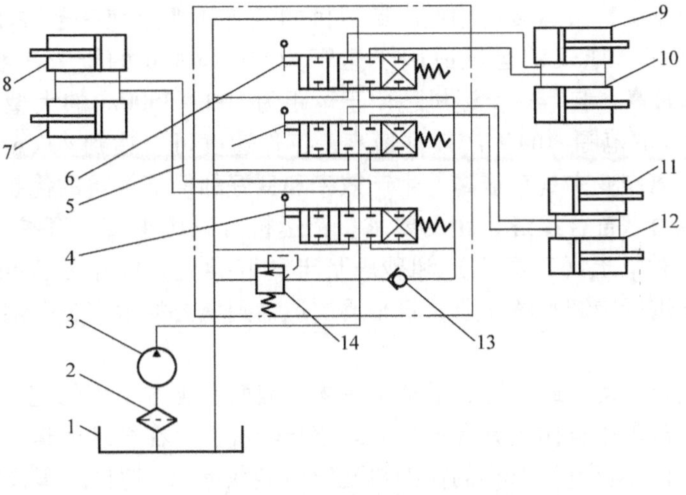

图 3-19 CL7 型自行式铲运机工作装置液压系统

1—油箱 2—滤油器 3—液压泵 4—铲斗液压缸操纵阀 5—斗门液压缸操纵阀 6—卸土板液压缸操纵阀
7、8—铲土斗液压缸 9、10—卸土板液压缸 11、12—斗门液压缸 13—单向阀 14—溢流阀铲运机的作业过程包括铲土、重车运土、卸土、空车返回四个过程。随土壤的类别不同和坡度不同及填土厚度不同，在各个工作过程中需要不同的牵引力和不同的行驶速度。一般铲土时，用一、二档速度；重车运土时，用三、四档速度；卸土时，用二档速度；空车开行时，用五档速度。如图3-20所示为铲土、斗门关闭、运土和卸土板前移、铲运机卸土时工作装置液压缸的工作情况。

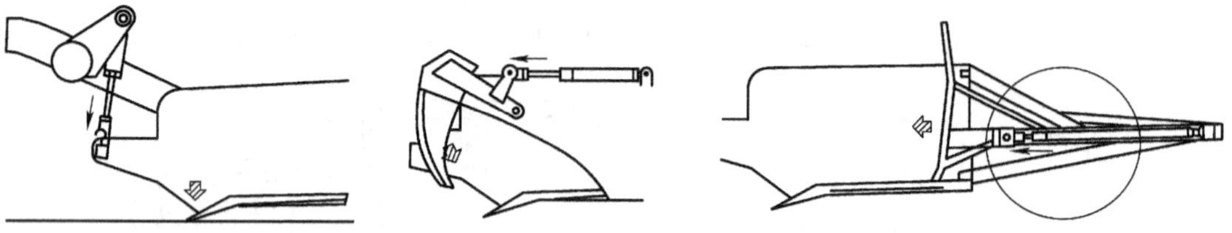

a)　　b)　　c)

图3-20　铲运机工作装置液压缸工作情况
a）铲运机铲土、铲斗液压缸活塞杆伸出
b）斗门关闭、铲运机运土、斗门液压缸活塞杆外伸
c）卸土板前移、铲运机卸土、卸土液压缸活塞杆外伸

四、铲运机运用

1. 铲运机的使用

铲运机主要用于大规模土方工程中，常应用于大面积场地平整，开挖大型基坑，填筑堤坝和路基等，如铁路、农田水利、机场、港口等工程，在公路工程施工中特别是大规模路基施工时是一种理想的生产效率高、经济效益好的土方施工运输机械，可以依次连续完成铲土、装土、运土、铺卸和整平五个工序。铲运机对行驶的道路要求较低，操纵简单灵活，行驶速度快，生产效率高，且运转费用低。铲运机的经济作业距离一般在100～2500m，最大运距可以达到几千米。拖式铲运机适用于运距为80～800m的土方工程施工，而运距在200～350m时效率最高。自行式铲运机适用于运距为800～3500m的大型土方工程施工，以运距在800～1500m的范围内的生产效率最高，工作速度可以达到40km/h以上，充分显示了铲运机在中长距离作业中具有很高的生产效率和良好的经济效益的优越性。在设计铲运机的开行路线时，应力求符合经济运距的要求。铲运机可以用来直接开挖含水量不超过25%的松土和普通土，对坚土（三类土）和砂砾坚土（四类土）需用松土机预松后才能开挖。铲运机还可以对土进行铺卸平整作业，将土逐层填铺到填方的地点，并对土进行一定的平整与压实。

由于铲运机集铲、运、卸、铺、平整于一体，因而在土方工程的施工中比推土机、装载机、挖掘机、自卸汽车联合作业具有更高的效率与经济性。在合理的运距内一个台班完成的土方量，相当于一台斗容量为$1m^3$的挖掘机配以四辆载重10t的自卸车共完成的土方量，其技术经济指标高于5～8倍。

2. 铲运机生产率的计算

（1）铲运机的小时生产率　铲运机的小时生产率是指单位时间（h）内完成的土方量

（m^3），其计算公式如下：

$$Q_h = \frac{3600qK_cK_B}{T_cK_s}$$

式中　Q_h——铲运机的小时生产率，单位为 m^3/h；

q——铲斗容量，单位为 m^3；

K_B——时间利用系数，一般取 0.85～0.95；

K_c——铲斗装土的充满系数（一般砂土为 0.75；其他土为 0.85～1.3）；

K_s——土的可松性系数。Ⅰ类土 1.08～1.17，Ⅱ类土 1.14～1.28，Ⅲ类土 1.24～1.30，Ⅳ类土 1.28～1.32；

T_c——从挖土开始到卸土完毕，每循环延续的时间，单位为 s；

T_c 可按下式计算：

$$T_c = t_1 + \frac{2l}{v_c} + t_2 + t_3$$

式中　t_1——装土时间，一般取 60～90s；

l——平均运距，由开行路线定，单位为 m；

v_c——运土与回程的平均速度，一般取 1～2m/s；

t_2——卸土时间，一般取 15～30s；

t_3——换档和掉头时间，一般取 30s。

（2）铲运机台班生产率 Q_d，按下式计算：

$$Q_d = 8Q_hK_B$$

3. 提高生产率的措施

（1）改进铲斗结构和形状是提高生产率的重要措施之一。一般采用的改进方法有：

1）使用带齿的和其他形状的刀片、松土齿、箕状装置，改变切削角等，以降低切削阻力。

2）采用曲面的或可移动的斗底和导向装置、伸缩式铲斗、双后壁铲斗等，以降低铲装阻力。

3）使用滑板以及带式和链板式支承装置配合斗门共同工作，以降低斗门前堆积土的推移阻力。

（2）提高铲土斗充满系数。不同的土和不同的铲装方式都影响铲土斗的充满系数，因此，可采取以下措施：

1）根据现场具体施工条件，选择合理的开行路线和施工方法。

2）在铲运机上加装松土齿，利用回程进行松土。

3）选择填方土源时，在满足设计要求的前提下，尽可能选用Ⅰ、Ⅱ类土。

4）顶推助铲是提高自行式铲运机铲土斗充满系数的最有效措施。

（3）缩短作业循环时间的方法有：

1）提高行驶速度。铲土时，用一、二档速度；运土时，用三、四档速；卸土时，用二档速度；空车开行时，用五档速度。良好的道路是快速运行的关键，应利用机械回驶时进行平整，或配专人清理维护。

2）缩短铲土、运土、卸土时间。根据土壤性质、机械能力、现场施工条件等情况，选择最佳的铲土方式和铲土顺序，争取在最短时间内铲满铲斗；合理选择开行路线，行驶中尽量减少换档和其他停歇时间，并以最快速度将土卸完。

（4）提高时间利用系数。平时注意机械设备的维护保养，减少故障。提前做好机械作业准备工作，减少占用作业时间来做准备工作。合理组织施工，避免工序之间或机械之间相互干扰等。

（5）避免运土途中土的漏失。铲运机在运土途中要求铲土斗关闭严密，操作平稳，避免机身摇晃和紧急制动。

4. 铲运机安全操作规程

1）铲运Ⅲ级以上土壤时，应先用推土机疏松，每次铲土深度为200～400mm，在铲装前应清除树根、杂草、石块等。

2）确定合理的作业路线，应尽量采取下坡铲土，坡度以7°～8°为宜，这样易于装满斗，同时可以缩短铲装土和卸土的运行时间。

3）大型土方铲土时，可利用推土机专门给铲运机顶推助铲。

4）操作铲运机前应认真检查钢丝绳、拖杆接头、斗门、卸土板和充气轮胎是否完好。在铲运机作业中，严禁用手触摸钢丝绳、滑轮、绞盘等部位，铲土斗内、拖杆上严禁有人坐立。

5）多台铲运机同在一作业面上施工，前后距离不得小于10m，交叉、平行或超越行驶时的并行间距不得小于2m。

6）禁止铲运机在陡坡上转弯、倒车或停车，在斜坡上横向卸土时严禁倒退，下坡时若车速较快制动有困难或有倾倒危险时，除使用制动器外，还可将铲土斗下放轻触地面进行辅助制动。在坡边缘卸土，距离边坡不小于1m，斗底提升高度不得超过200mm，以防整机倾翻。

7）必须有人进入铲土斗体内保养或检修时，要先插好安全销，以免卸土板复位伤人。

8）铲运机通过桥梁、水坝或排水沟时，要先查清承载能力，避免发生事故；工作结束，不准将铲运机停放在斜坡上。

第四节　平　地　机

一、平地机用途

平地机是用装在机械中央的铲土刮刀进行土壤的切削、刮送和整平连续作业，并配有其他多种辅助作业装置的轮式土方施工机械。具有推移、平整、疏松、拌合、回填铺路材料和耙平材料等功能，主要用于大面积的场地平整；路基路面的整形；砾石或砂石路面维修；挖沟、草皮或表层土的剥离；修整斜坡与边沟以及填筑路堤等切削平整作业。配置推土铲、土耙、松土器、除雪犁、压路辊等附属装置、作业机具时可进一步扩大使用范围，提高工作能力或完成特殊要求的作业。因此，平地机是一种高速、高效、高精度和多用途的土方工程机械，被广泛用于公路、铁路、矿山、机场、停车场、城市道路等大面积场地的平整作业，也被用于路堤整形及林区道路的整修等作业。在土方工程中，具有不可替代的独特作用。

二、平地机分类

1. 按行走方式分类

平地机按行走方式可分为自行式和拖式两类。自行式平地机因其机动灵活、生产率高而被广泛采用；早期生产和使用的拖式平地机，由于机动性差、操纵费力，已被淘汰。自行式平地机的外形图如图 3-21 所示。

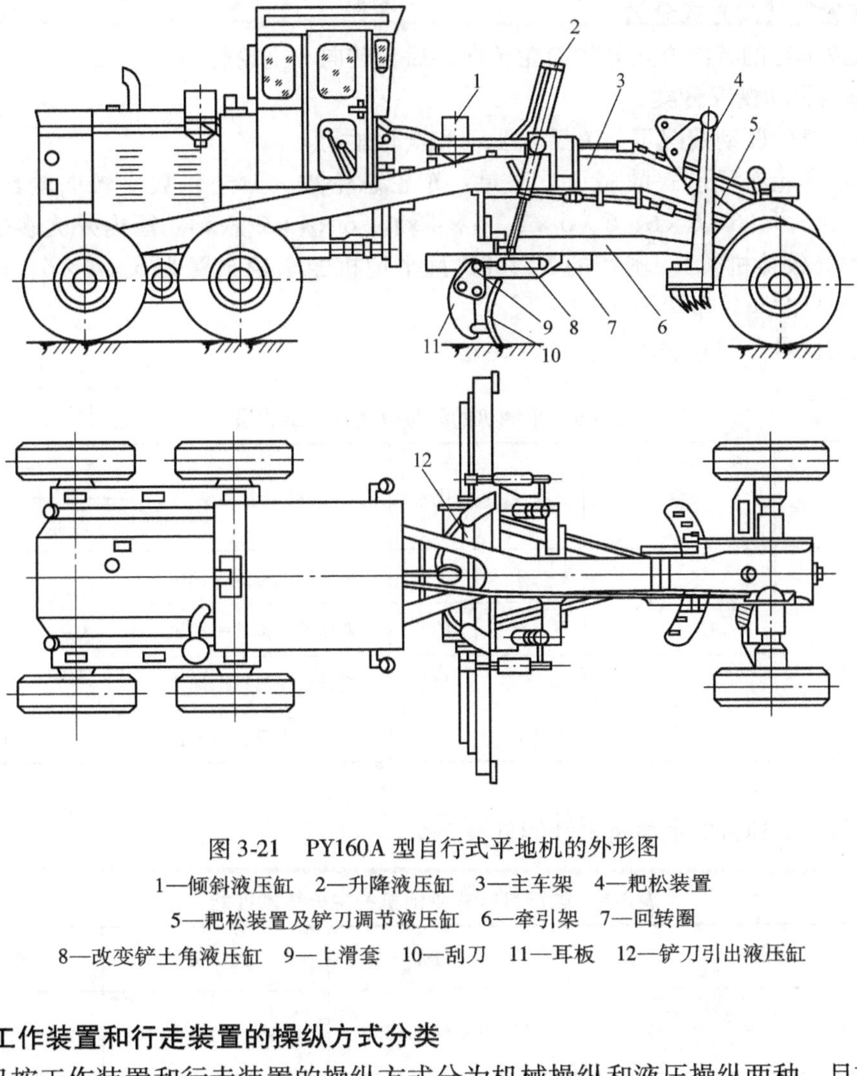

图 3-21 PY160A 型自行式平地机的外形图

1—倾斜液压缸 2—升降液压缸 3—主车架 4—耙松装置
5—耙松装置及铲刀调节液压缸 6—牵引架 7—回转圈
8—改变铲土角液压缸 9—上滑套 10—刮刀 11—耳板 12—铲刀引出液压缸

2. 按工作装置和行走装置的操纵方式分类

平地机按工作装置和行走装置的操纵方式分为机械操纵和液压操纵两种。目前自行式平地机的工作装置基本上都采用液压操纵。

3. 按发动机的功率大小分类

平地机按发动机的功率大小可分为轻型、中型和大型三种。

4. 按行走车轮数分类

平地机按行走车轮数可分为四轮和六轮两种。四轮平地机是前、后桥各两轮，用于轻型平地机；六轮平地机是前桥两轮、后桥四轮，用于大中型平地机。

5. 按车架的形式分类

平地机按车架的形式分为整体式车架和铰接式车架两种。整体式车架是前后车架为整体，这种车架刚性好，也称刚性机架，如中外发展公司的PY160B型平地机。铰接式车架是将两者铰接，用液压缸控制其转动角，使平地机获得更小转弯半径和更好的作业适应性。国内外平地机厂家大多采用此种结构，如美国卡特公司G系列，常林PY190A型，哈尔滨四海DRESSER800系列等。

6. 按车轮的转向方式分类

平地机按车轮的转向方式分为前轮转向、后轮转向和全轮转向。

7. 按车轮驱动情况分类

平地机按车轮驱动情况可分为后轮驱动和全轮驱动。

平地机的车轮布置形式的表示方法是：车轮总轮数×驱动轮数×转向轮数，一般有：4×2×2、4×4×4、6×6×6、6×6×2、6×4×6、6×4×2六种。国内外大多数平地机多采用6×4×2（铰接机架）。国产的PY160B型平地机的车轮布置为6×4×6；PY160C型、PY180型平地机的车轮布置为6×4×2。

平地机的型号分类及表示方法见表3-5。

表3-5　平地机的型号分类及表示方法

类	组	型	特性	代号	代号含义	主参数	
						名称	单位表示法
铲土运输机械	平地机 P（平）	拖式T（拖）		PT	机械操纵拖式平地机	发动机功率	kW
			Y（液）	PTY	液压操纵拖式平地机		
		自行式		P	机械操纵自行平地机		
			Y（液）	PY	液压操纵自行平地机		

国产自行式平地机的主要技术性能见表3-6。

表3-6　国产自行式平地机的主要技术性能

型号		PY180	PY160B	PY160A
外形尺寸（$\frac{长}{mm}\times\frac{宽}{mm}\times\frac{高}{mm}$）		10280×3965×3305	8146×2575×3340	8146×2575×3258
总重量（带耙子）/kg		15400	14200	14700
发动机	型号	6110Z-2J	6135K-10	6135K-10
	功率/kW	132	118	118
	转速/（$r\cdot min^{-1}$）	2600	2000	2000

（续）

型号		PY180	PY160B	PY160A
铲刀	铲刀尺寸 $\left(\frac{长}{mm}\times\frac{高}{mm}\right)$	3965×610	3660×610	3705×555
	最大提升高度/mm	480	550	540
	最大切土深度/mm	500	490	500
	侧伸距离/mm	左 1270 右 2250		1245 （牵引架居中）
	铲土角	36°~66°	40°	30°~65°
	水平回转角	360°	360°	360°
	倾斜角	90°	90°	90°
工作装置操纵方式		液压式	液压式	液压式
耙子	松土宽度/mm	1100	1145	1240
	松土深度/mm	150	185	180
	提升高度/mm			380
	齿数/个	6	6	5
液压系统	齿轮液压泵型号		CBGF1032	CBF-E32
	额定压力/MPa	18.0	15.69	16.0
	系统工作压力/kPa			12500
最小转弯半径/mm		7800	8200	7800
爬坡能力		20°	20°	20°
传动系统	传动系统形式	液力机械	液力机械	液力机械
	液力变矩器变矩系数			≥2.8
	液力变矩器传动比			
行驶速度	Ⅰ档（后退）/（$km\cdot h^{-1}$）		4.4	4.4
	Ⅱ档（后退）/（$km\cdot h^{-1}$）		15.1	15.1
	Ⅰ档（前进）/（$km\cdot h^{-1}$）	0~4.8	4.3	4.3
	Ⅱ档（前进）/（$km\cdot h^{-1}$）	0~10.1	7.1	7.1
	Ⅲ档（前进）/（$km\cdot h^{-1}$）	0~10.2	10.2	10.2
	Ⅳ档（前进）/（$km\cdot h^{-1}$）	0~18.6	14.8	14.8
	Ⅴ档（前进）/（$km\cdot h^{-1}$）	0~20.0	24.3	24.3
	Ⅵ档（前进）/（$km\cdot h^{-1}$）	0~39.4	35.1	35.1
车轮及轮距	车轮形式	3×2×3	3×2×3	3×2×3
	轮胎总数	6	6	6
	转向轮数	6	6	6
	轮胎规格	17.5~25	14.00~24	14.00~24
	前轮倾斜角	±17°	±18°	左右各 18°
	前轮充气压力/kPa			260
	后轮充气压力/kPa		254.8	260

（续）

型号		PY180	PY160B	PY160A
车轮及轮距	轮距/mm	2150	2200	2200
	轴距（前后桥）/mm	6216	6000	6000
	轴距（中后桥）/mm	1542	1520	1468～1572
	驱动轮数	4	4	4
	最小离地间隙/mm	630	380	380
生产厂		天津工程机械制造厂		

三、平地机工作装置

平地机工作装置包括刮土工作装置和耙松装置。

1. 刮土工作装置

平地机刮土工作装置如图3-22所示。主要由刮刀9、回转圈12、回转驱动装置4、牵引架5、角位器1及几个液压缸等组成。牵引架的前端与机架铰接，可在任意方向转动和摆动。回转圈支承在牵引架上，在回转驱动装置的驱动下绕牵引架转动，并带动刮刀回转。刮刀背面上的两条滑轨支承在两侧角位器的滑槽上，可以在刮刀侧移液压缸11的推动下侧向滑动。角位器与回转耳板下端铰接，上端用螺母2固定，松开螺母时角位器可以摆，并带动刮刀改变切削角（铲土角）。

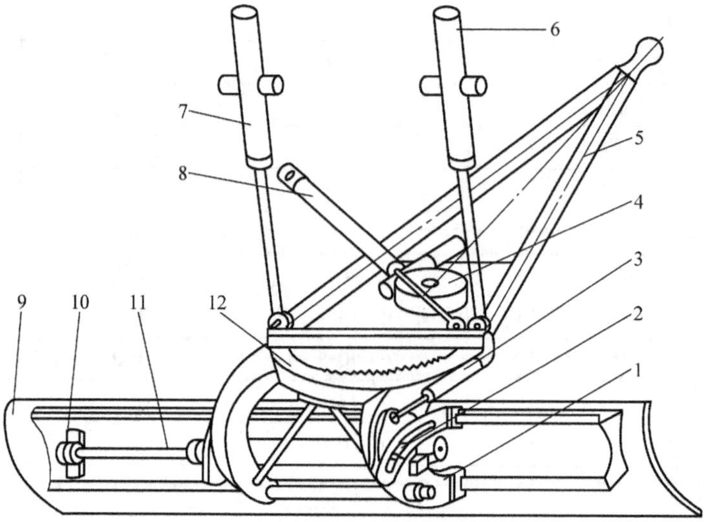

图3-22　刮土工作装置

1—角位器　2—紧固螺母　3—切削角调节液压缸　4—回转驱动装置　5—牵引架　6、7—右左升降液压缸　8—牵引架引出液压缸　9—刮刀　10—液压缸头铰接支座　11—刮刀侧移液压缸　12—回转圈

刮土工作装置的操纵系统可以控制铲土刮刀如下六种动作：

1）刮刀左侧提升与下降。

2）刮刀右侧提升与下降。

3）刮刀回转。

4）刮刀随回转圈一起侧移，即牵引架引出。

5）刮刀相对于回转圈左移或右移。

6）刮刀切削角的改变。

其中1）、2）、4）、5）由液压缸控制，3）采用液压马达或液压缸控制，而6）由人工调节或液压缸调节，随后用螺母锁定。

不同的平地机刮刀的运动不尽相同，例如有些小型平地机为了简化结构，没有角位器，切削角是固定不变的。

各种平地机的刮刀结构基本相似，它包括刀身和刀片两部分。刀身为一块钢板制成的长方形的弧形曲面板，其下缘用螺栓装有采用特殊的耐磨、抗冲击、高强度合金钢制成的刀片。刀片为矩形，一般有2～3片，其切削刃是上下旋转对称，刀刃磨钝后可上下换边或左右对换使用。为了提高刮刀抗扭、抗弯刚度和强度，在刀身的背面有加固横条。在某些平地机上，此加固横条就是上下两条供刮刀侧伸用的滑轨。

2. 耙松装置

松土器通常用来疏松坚硬土壤，或破碎路面及裂岩。松土器通常留有较多的松土齿安装孔。疏松较硬土壤时插入的松土齿较少，插入的松土齿数以正常作业速度下驱动轮不打滑为限；疏松不太硬的土壤时可插入较多的松土齿，此时则相当于耙土器。

松土器的结构形式有双连杆式和单连杆式两种，如图3-23所示。

双连杆式松土器（图3-23a）近似于平行四边形机构，其优点是松土齿在不同的切土深度时松土角基本不变（40°～50°），这对松土有利，此外，双连杆同时承载，改善了松土齿架的受力情况。

单连杆式松土器（图3-23b）由于其连杆长度有限，松土齿在不同的切土深度时松土角度变化较大，其优点是结构简单。

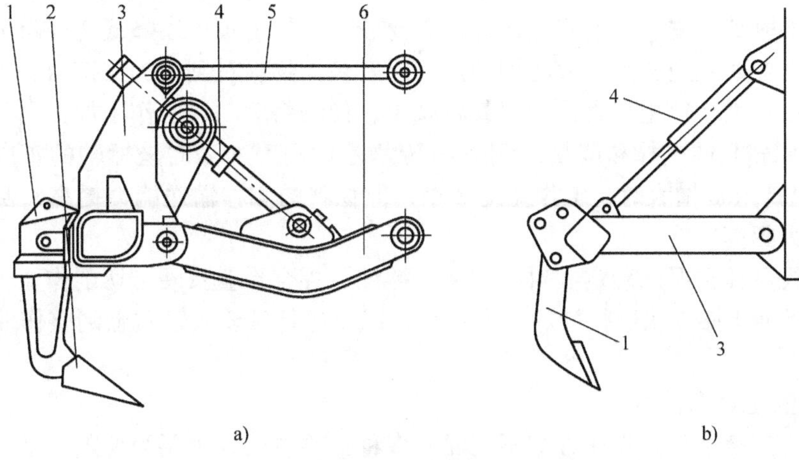

图3-23　松土器

a）双连杆式松土器　b）单连杆式松土器

1、3—松土齿　2—齿套　4—控制液压缸　5—上连杆　6—下连杆

按负荷程度松土器分重型和轻型两种。重型作业用松土器共有7个齿安装装置，一般作业时只选装3个或5个齿。轻型松土器可安装5个松土齿和9个耙土齿，耙土齿的尺寸比松

土齿的小。

3. 推土装置

推土装置是平地机的备用工作装置，临时使用时安装在主车架的前端，不用时将推土板上抬并用销子锁住或拆卸后重新装好耙松装置。

四、平地机运用

1. 平地机的工作参数选择和调整

平地机的工作参数有铲土角、刮刀回转角、切削深度、切削宽度、刀具宽度、刀具高度、刮刀曲率等，作业前必须根据实际施工对象和施工条件进行选择和调整，如图3-24所示。

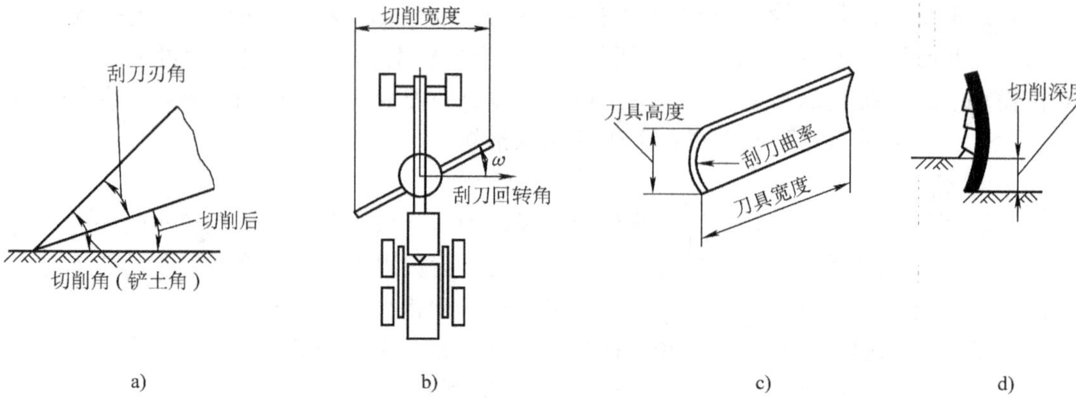

图3-24　平地机工作参数示意图

（1）铲土角的选择和调整　铲土角也称切削角，是指刮刀切削刃和地面的夹角，如图3-24a所示。铲土角的大小，应按作业类型来确定，一般平地机铲土角都有一定的调整范围，以适应不同的作业要求。中等的切削角（60°左右）适用于常用的平地作业。当切削、剥离土壤时，如剥离草皮、切削路边沟等，需要较小的切削角，以降低切削阻力。当进行摊铺、拌合物料作业时，应选用较大的切削角，以避免大物料对刮刀的推挤力，大粒料较容易从刮刀下滚过去；由于铲土角大，刮刀载料减少，使物料滚动拌合作用加强。

（2）刮刀回转角的选择和调整　刮刀回转角是指刮刀和横向坐标轴的正向夹角 ω，如图3-24b。当回转角 ω 增大时，工作宽度减小，但物料的侧移输送能力提高，刮刀单位切削宽度上的切削力提高。

回转角应视具体情况来确定。对于剥离、摊铺、拌合作业及硬土切削作业，回转角可取30°～50°；对于推土摊铺或进行最后一道刮平，以及进行松软或轻质土刮整作业时，回转角可取0°～30°。

2. 平地机的生产率计算

平地机的生产率由于其作业方式不同而有多种计算方法，主要为切削和平整两种。有关平地机提高生产率的措施，可参照推土机的有关内容。

（1）以切削为主的生产率计算。完成土方量所需时间 t（h），其计算公式为：

$$t=\frac{Ln}{vE}\times 10^{-3}$$

式中　L——作业距离，单位为m；

n——行程次数；

v——行驶速度，单位为 km/h；

E——校正系数，根据工作难易或熟练程度而异，一般取平均值为 0.83。

每小时完成的土方量 Q（m^3/h），其计算公式为：

$$Q = vAE \times 10^3$$

式中 A——切削断面面积，单位为 m^2。

（2）以平整场地为主的生产率计算。平整某一场地所需时间 t（h），其计算公式为：

$$t = \frac{Ln}{vE} \times 10^{-3}$$

平整场地生产率，每小时平整面积 Q_1（m^2/h），其计算公式为：

$$Q_1 = \frac{K_B Ll\cos\alpha}{\dfrac{L}{1000v} + t_1}$$

式中 l——刮刀长度，单位为 m；

L——平整场地长度，单位为 m；

α——刮刀水平回转角；

v——作业行驶速度，单位为 km/h；

t_1——调头一次所需时间，单位为 h；

K_B——时间利用系数。

3. 平地机安全操作规程

1）平地机铲刀或耙齿都要在机械起步后逐步切入土中。在铲土作业中，对刮刀升降的调整应缓慢进行，但应避免每次扳动操纵杆时间过长，否则会导致作业面出现波浪形面而影响下一道工序的进行。

2）铲土或耙松作业都必须低速行驶；移土或平整作业，可根据具体情况适当提高平地机的行驶速度。

3）在弯道上施工时，平地机可进行全轮转向；高速行驶时，应避免后轮转向，以防发生事故。

4）在坡道上横向施工时，前轮侧倾机构应向上坡方向倾斜，以减少侧滑并同时改善前轮轴的受力情况，也有利于平地机调头。

5）转移工地或进、出场的平地机，行驶时刮刀和松土耙都必须升至最高位置，铲刀的铲土角应调至最小，不准将刀端侧伸到车轮以外。

6）平地机的松土耙不准用来翻松碎石渣路面，也不准用平地机作为动力拖动装置拖曳各种机械。

第五节 单斗挖掘机

一、单斗挖掘机用途

目前，建筑施工中常用的挖掘机为单斗挖掘机。单斗挖掘机是一种以铲斗为工作装置进行间歇循环作业的挖掘、装载施工机械，它主要通过铲斗挖掘、装载土或石块，并旋转至一定的卸料位置（一般为运输车辆上方）卸载，为一种集挖掘、装载、卸料于一体的高效土方工程机械。其特点是：挖掘能力强、结构通用性好，可适应多种作业要求；缺点是机动性差。一台斗容量为$1m^3$的挖掘机，其台班生产率相当于300~400人的日工作量。挖掘机广泛用于各种建筑物基础坑的开挖，以及矿山、市政、道路、桥梁、机场、港口、农田、水电等工程中，对减轻工人繁重的体力劳动、加快工程进度、提高劳动生产率等都起着十分重要的作用。

二、单斗挖掘机分类

1. 按铲斗容积大小分类

单斗挖掘机按铲斗容积大小可分为轻型（铲斗容积$0.25\sim0.35m^3$）、中型（铲斗容积$0.35\sim1.5m^3$）、重型（铲斗容积大于$1.5m^3$）。

2. 按动力传递和控制方式分类

单斗挖掘机按动力传递和控制方式可分为机械式、半液压式和全液压式三种。

机械式挖掘机工作装置的动作依靠机械传动机构和钢丝绳的牵拉，行走机构也依靠机械传动，目前仅在矿用等大型挖掘机上采用。半液压式挖掘机的工作装置的动作由液压元件来完成，而行走机构依靠机械传动，目前已逐渐被淘汰。全液压式挖掘机的全部动作都由液压元件来完成，是目前广泛采用的类型。

3. 按铲斗类型不同分类

单斗挖掘机按铲斗类型不同可分为正铲、反铲、拉铲和抓铲四种。正铲、反铲单斗挖掘机在各类工程中应用广泛。

图3-25为正铲、反铲液压挖掘机。正铲主要用来挖掘停机面以上的土，最大挖掘高度和最大挖掘半径是它的主要作业尺寸，正铲主要用于挖掘土方量比较集中的工程和深、广的大型建筑基坑的开挖。反铲主要用来挖掘停机面以下的土，最大挖掘深度和最大挖掘半径是它的主要作业尺寸，反铲主要用于Ⅰ~Ⅲ级土的开挖，开挖深度一般不超过4m，如开挖一般建筑基坑、路堑、沟渠等。

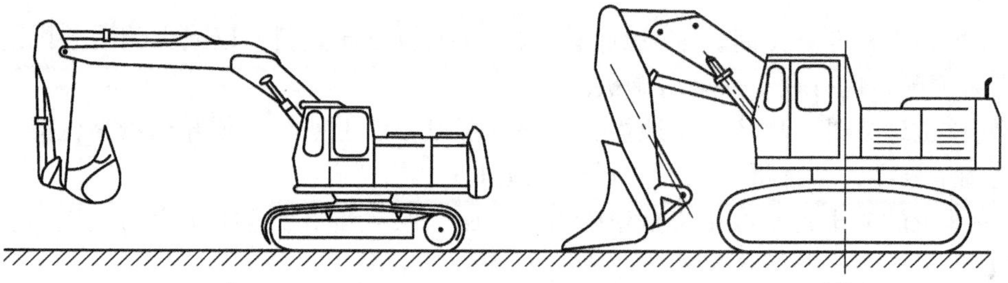

图3-25　正铲、反铲挖掘机
a）反铲　b）正铲

图3-26为拉铲挖掘机。拉铲适于挖掘停机面以下较松软的土，可挖掘较深而宽的基坑、沟渠和河床。

图3-27为抓铲挖掘机。抓铲适于抓取散状物料，如碎石、砂、煤、泥及河底污物等，

也可以用于冲抓表面窄而深的桩坑或连续墙等。抓斗的形式较多，分为液压抓斗和钢丝绳抓斗两大类。

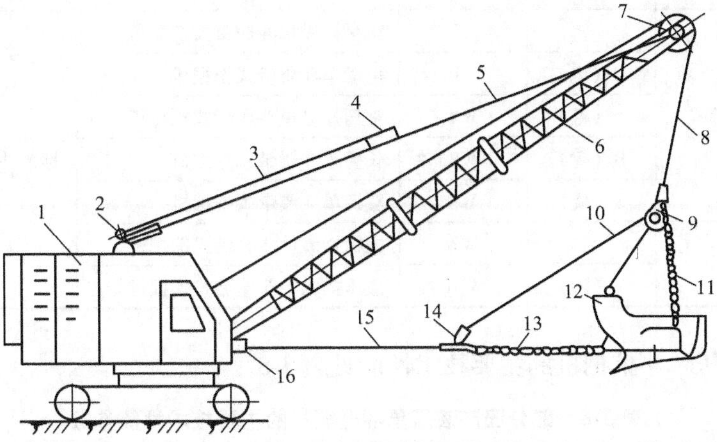

图 3-26　拉铲挖掘机

1—机身　2—牵引架滑轮　3—动臂变幅钢丝绳　4—滑轮组　5—动臂悬挂钢丝绳　6—动臂　7—动臂滑轮　8—拉铲铲斗升降钢丝绳　9—吊挂连续装置　10—翻转钢丝绳　11—提升链条　12—拉铲铲斗　13—牵引　14—牵引连接装置　15—拉铲铲斗牵引钢丝绳　16—导向滑轮装置

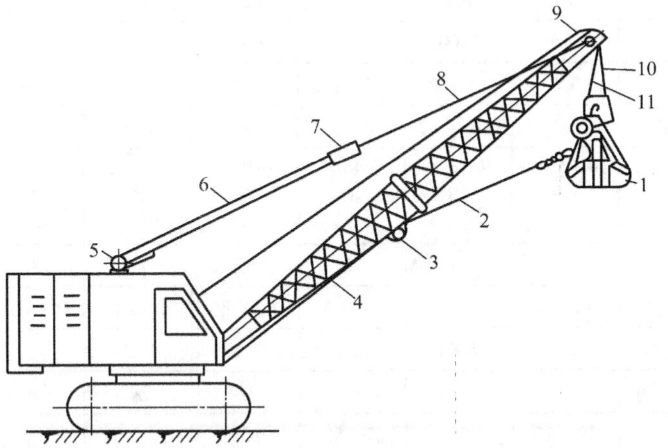

图 3-27　抓铲挖掘机

1—抓斗　2—稳定钢丝绳　3—导向滑轮　4—动臂　5—牵引架滑轮　6—动臂变幅钢丝绳　7—滑轮组　8—动臂悬挂钢丝绳　9—动臂滑轮　10—抓斗升降钢丝绳　11—关斗钢丝绳

4. 单斗挖掘机按行走方式分类

单斗挖掘机按行走方式分为履带式、轮式两种。

履带式挖掘机由于履带与地面的附着面积大、压强小，不需要支腿即可作业，工作适应性强，允许在相对潮湿或软土层上作业，因而在工地上被广泛应用。轮式挖掘机行驶速度快、机动性好，允许在城市一般道路上行驶，但由于行走传动系统为机械式，作业时需用支腿，适应性比履带式较差。

单斗挖掘机的型号表示方法见表 3-7。

表 3-7　单斗挖掘机型号表示方法

组	型	特性	代号	代号含义	主参数	
					名称	单位表示法
挖掘机 W（挖）	履带式		W	机械操纵单斗履带式挖掘机	标准斗容积	$m^3\times100$
		D（电）	WD	电动单斗履带式挖掘机		
		Y（液）	WY	液压操纵单斗履带式挖掘机		
		B（臂）	WB	长臂单斗履带式挖掘机		
		S（隧）	WS	隧道单斗履带式挖掘机		
	轮胎式 L（轮）		WL	机械操纵单斗轮胎式挖掘机		
		Y（液）	WLY	液压操纵单斗轮胎式挖掘机		

部分国产液压单斗挖掘机的主要技术性能见表 3-8。

表 3-8　部分国产液压单斗挖掘机的主要技术性能参数

项　目		机　　型							
		WY60A	WY100	WY160	WY250	WLY50	WLY60	A922	PC220
柴油机	型号	F6L912	6135K-6	F8L413F	12V135AG	R6100	4120F	D924T-E	SA6D102E-1-A
	功率/kW	70	111	130	223	63	60	112	114
	转速/$(r\cdot min^{-1})$	215	1800	1800	1500	2000	1800	2000	2100
主要参数	正铲斗容量/m^3	0.6	1~1.2	1.5~2.5	2.5	—	—	—	—
	反铲斗容量/m^3	0.6	0.4~1.2	0.8~2.5	—	0.5	0.6	0.3~2.0	1.0
	外形尺寸 $(\frac{长}{m}\times\frac{宽}{m}\times\frac{高}{m})$	4.05×2.65×3.0	9.53×3.10×3.4	5.46×3.40×3.34	6.0×3.75×3.68	7.25×2.47×3.42	7.60×2.70×3.8	9.50×2.75×3.25	9.425×3.1×2.97
	整机重量/t	17.6	25	38	55	11	13.6	19.8~22	23
	走行速度/$(km\cdot h^{-1})$	0~3.4	0~3.2	0~1.8	0~1.86	0~31	0~31.9	0~20	0~4
	回转速度/$(r\cdot min^{-1})$	8.46	7.88	7.6	5.8	8.9	6	8	12.4
	爬坡能力/$(\times10^{-3})$	25	24	34	—	24	20	—	35
	接地比压/kPa	28~45	52	67~89	101	—	—	—	44.9
	铲斗挖掘力/kN	100	—	180~200	—	53	—	152	130
	液压系统形式	双泵全功率变量	双泵定量	双泵全功率变量	双泵分功率变量	双泵双回路定量	双泵定量	双泵变量	双泵变量
	主油路压力/MPa	25	32	28	28	16	14	32	31.9
	流量/$(L\cdot min^{-1})$	2×169	2×109	2×180	2×300	2×100	2×109	2×200	—
	是否先导操纵	是	—	是	是	—	—	—	—
	先导油压/MPa	3	—	3	3.5	—	—	—	—
	生产厂	合肥矿山机械厂	上海建筑机械厂	长江挖掘机厂	杭州建筑机械厂	北京建筑机械厂	贵阳矿山机械厂	辽宁—利勃海尔液压挖掘机有限公司	山东山推工程机械有限公司

三、单斗液压挖掘机工作装置

单斗液压挖掘机由动力装置、工作装置、转台、行走装置和液压传动系统等组成。图3-28为反铲挖掘机的工作装置，由动臂、斗杆、铲斗及其驱动液压缸组成。

动臂有三种形式：整体式单节动臂、双节可调式组合动臂和伸缩式动臂。动臂通过其下铰点、动臂液压缸与挖掘机底盘相连。斗杆是工作装置中产生挖掘力的杆件。如图3-28所示，斗杆的一端通过斗杆液压缸和铰接点与动臂相连，另一端则通过铲斗液压缸和连杆机构与铲斗相连。斗杆大多采用整体式，目前挖掘机的系列产品多配备有不同长度的斗杆与动臂组合以满足不同工作尺寸的作业要求。铲斗是直接用于挖掘的工作装置，一般铲斗均装有斗齿，有些铲斗还装有侧面斗齿，以适用于沟槽的开挖。选择挖土机标准斗容量的大小与被开挖土的性质有关，一般，大斗用于挖掘松软土，小斗用于挖掘硬土和碎石。

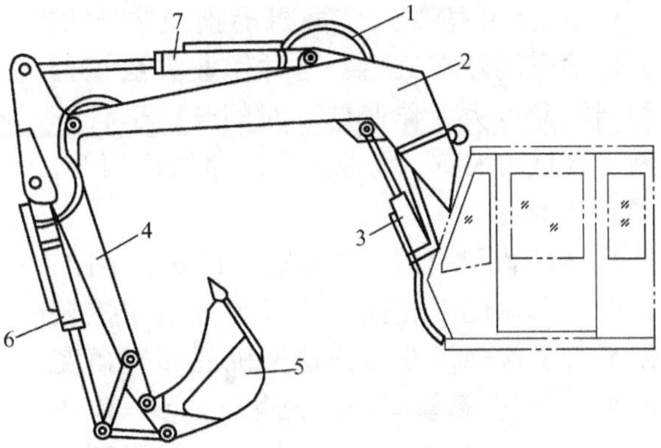

图3-28 反铲挖掘机的工作装置
1—油管 2—动臂 3—动臂液压缸 4—斗杆
5—铲斗 6—铲斗液压缸 7—斗杆液压缸

大多数液压挖掘机的正铲和反铲工作装置可以通用。对专用正铲采用短而直的动臂，斗杆液压缸装在动臂的下面，从而有利于挖掘停机面以上的土。

与单斗液压挖掘机配套使用的工作装置很多，包括抓铲、液压锤、松土和起重等。液压锤主要用于打桩，开挖冻土和凿岩等。其他工作装置外形如图3-29所示。

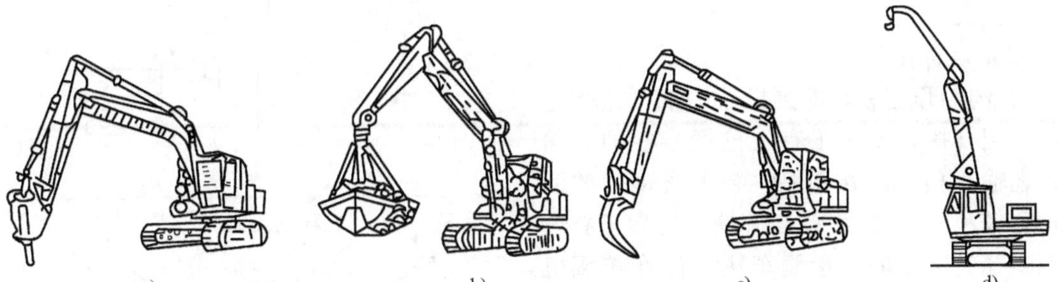

图3-29 单斗液压挖掘机可换工作装置
a）液压锤 b）抓铲 c）松土 d）起重

四、单斗挖掘机运用

1. 单斗挖掘机作业循环

挖掘机的一个作业工作循环可分为四个步骤：挖土装载、满载回转、卸土、空斗转回至工作面。完成这四个步骤所需的时间可分别定为 t_1、t_2、t_3、t_4，则完成一个工作循环所需要的时间为：$T = t_1 + t_2 + t_3 + t_4$。挖掘深度大（或高）、回转角度大、土质坚硬、卸土需卸在车辆中时，工作时间就长。

2. 单斗挖掘机的作业方法

（1）正铲作业

1）正向开挖法。挖掘机沿前进方向挖土，运输车辆停在其后，这种作业方法挖掘机的回转角度大，作业循环时间长，适合开挖施工区域的入口、场地狭小的路堑沟槽等，如图 3-30 所示。

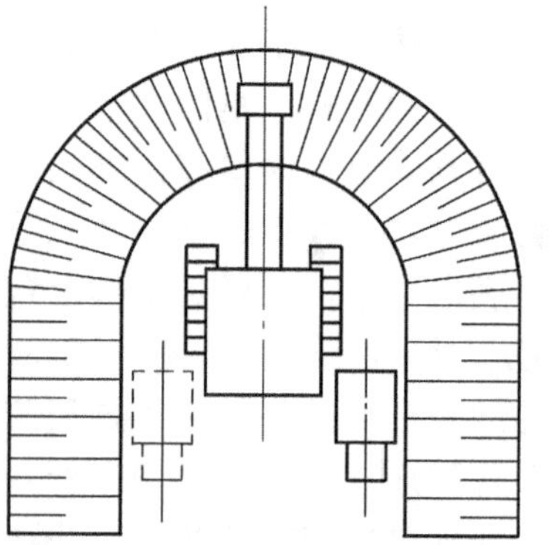

图 3-30　正铲挖掘机正向开挖法

2）侧面开挖法。挖掘机沿前进方向挖土，运输车辆位于侧面，其行驶方向与挖掘路线平行。这种作业方法挖掘机的回转角度一般小于 90°，运输车的行驶也较方便，作业工效较好，但应注意避免铲斗与运输车辆相碰，如图 3-31 所示。

3）中心开挖法。这个方法是先从挖土区宽度的中心开始挖掘，如图 3-32a 所示，当向前挖至转角超过 90°时，就转向两侧开挖，如图 3-32b 所示，汽车都按“八”字形停车待装。这种方法挖掘机移位方便，平均转角可以保持在 90°以内，而且两侧均可装车，有利于提高作业效率。如果土方量较集中，取土场工作面很宽，可以把这个方法稍加变化，布置成多台挖掘机在这个宽度的工作面上同时向前掘进。

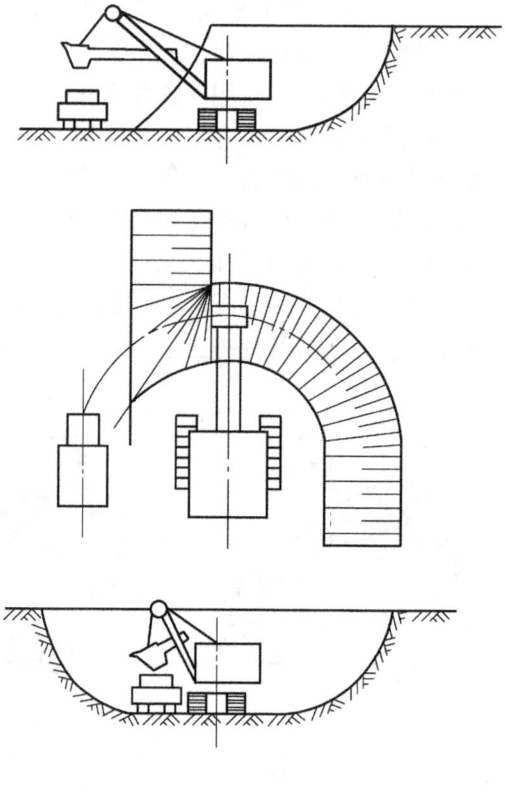

图 3-31　正铲挖掘机侧面开挖法

（2）反铲作业

1）沟端开挖法。挖掘机从沟端开始倒退挖土，当开挖宽度小于有效挖掘半径的 2 倍时，运输车辆可停在沟侧，装车时动臂的回转角度较小，约为 45°；当开挖宽度大于有效挖掘半径的 2 倍时，运输车辆需停在挖掘机后两侧，装车时动臂的回转角度仅为 90°。这种作业方法便于运输车辆的行驶，可连续工作，其工效较高。反铲挖掘机沟端开挖法如图 3-33 所示。

2）沟侧开挖法。挖掘机沿沟槽一侧直线行驶挖掘，运输车辆停于挖掘机的侧前方和侧面，回转角度一般小于 90°，如图 3-34 所示。这种作业方法可将土弃置于距沟槽较远处，且循环时间较短，但槽宽度不可太宽，机身稳定性也较差。

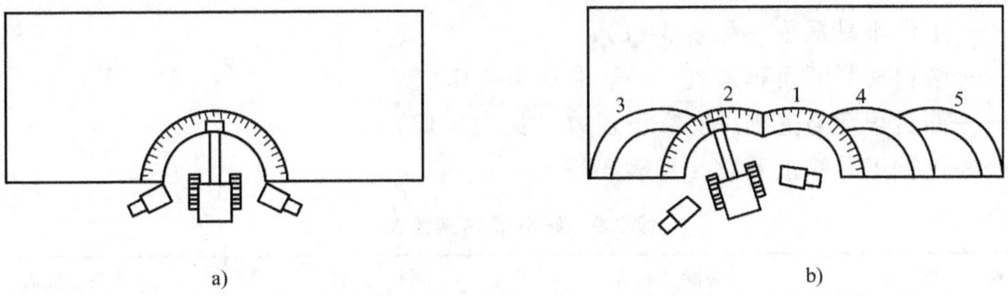

图 3-32　正铲挖掘机中心开挖法

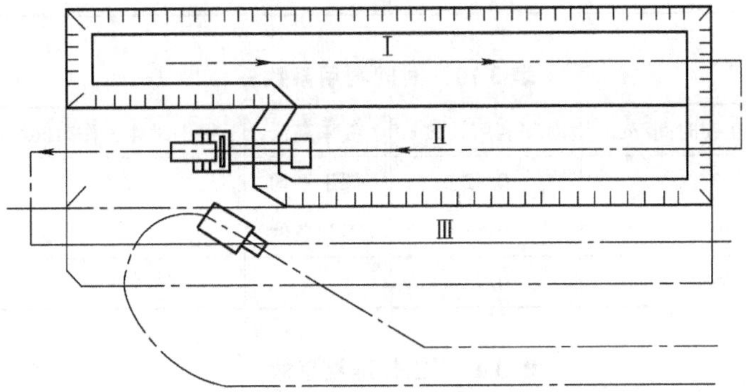

图 3-33　反铲挖掘机沟端开挖法

3. 配套汽车数量

挖掘机挖土装车时，要合理确定汽车的容量和台数。汽车的容量不要少于铲斗容量的 3 ~ 4 倍，否则由于装满一车的时间太短，汽车不容易配合得上；同时，汽车承载量过小也容易受到损坏。汽车的台数应保证挖掘机能连续地进行挖装，即：

$$汽车台数=\frac{汽车装运一次的循环时间}{挖掘机装一车的时间}$$

汽车的行驶速度是不会很均衡的，因此，实际的配套数应较算出的台数多加一两台。

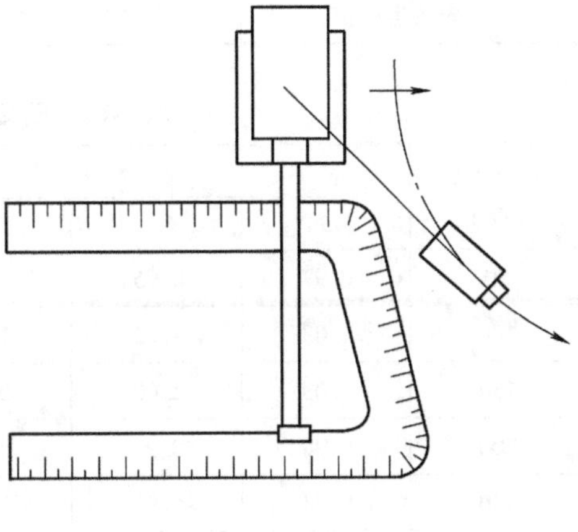

图 3-34　反铲挖掘机沟侧开挖法

4. 单斗挖掘机的生产率计算

挖掘机每小时生产量 Q（m^3/h）为

$$Q=\frac{3600}{T}qK\eta f_C f_L C_1 C_2$$

式中　T——工作循环时间，单位为 s；

q——铲斗容量，单位为 m^3；

K——铲斗装满系数（见表 3-9）；

η——时间利用系数（见表3-10）；
f_C——工作难易系数（见表3-11）；
f_L——装料松紧度换算系数，一般取0.70～0.85；
C_1——回转角度与挖掘深度修正系数（见表3-12）；
C_2——挖掘工具修正系数（见表3-13）。

表3-9　铲斗装满系数 K

材　　料	装满系数 K	材　　料	装满系数 K
湿壤土、砂黏土、表皮土	1.00～1.25	爆破良好岩石	0.65～0.85
砂砾石、压实土壤	0.95～1.25	爆破不好岩石	0.50～0.65
硬黏土	0.80～1.00		

表3-10　时间利用系数 η

效率高低	每小时纯工作时间/min	时间利用系数 η	效率高低	每小时纯工作时间/min	时间利用系数 η
卓越	55	0.92	低于平均	40	0.67
良好	50	0.83	不利条件	35	0.58
平均	45	0.75			

表3-11　工作难易系数 f_C

可装性、土壤条件	工作难易系数 f_C	可装性、土壤条件	工作难易系数 f_C
容易挖掘	0.95～1.00	难　挖	0.60～0.70
一般难度挖掘	0.80～0.95	最难挖	0.50～0.60
中等难度挖掘	0.70～0.80		

表3-12　回转角度与挖掘深度修正系数 C_1

最佳深度（%）	回　转　角　度						
	45°	60°	75°	90°	120°	150°	180°
50	0.97	0.95	0.93	0.90	0.86	0.83	0.80
100	1.08	1.05	1.03	1.00	0.96	0.92	0.89
150	1.03	1.00	0.98	0.95	0.91	0.87	0.85
200	0.98	0.96	0.94	0.91	0.87	0.84	0.81
250	0.94	0.91	0.90	0.87	0.84	0.80	0.77
300	0.90	0.87	0.85	0.83	0.80	0.76	0.74
400	0.83	0.81	0.79	0.77	0.74	0.71	0.69

表3-13　挖掘工具修正系数 C_2

挖掘工具	反　铲	底卸式正铲	掘土抓斗
修正系数 C_2	1.0	1.1	0.85

五、单斗挖掘机安全操作规程

1）挖掘机操作者应经过认真的岗位培训，熟练地掌握机械构造、工作原理和维护保养要求，并取得培训合格证书后方准上机操作。

2）挖掘机作业的停机面，必须坚实、平整，承载能力足够，作业前要将行走机构制动牢固。

3）挖掘机在斜坡或超高位置作业时，要预先做好安全防护工作，防止挖掘机下滑、倾翻事故发生。

4）不准直接用挖掘机的铲斗去破碎冻土层或石块等。在埋有地下电缆区附近作业时，要先查清电缆线的走向，并在地面上做出明显的标记，开挖时要保持1m以上的距离。在埋地管线附近作业时，同样要这样做。

5）挖掘基坑、沟槽及河道时，应根据开挖深度、坡度和土质情况来确定停机地点，防止因边坡坍塌而造成事故。

6）铲斗未离开挖土层时不准回转，不准用铲斗或斗杆以回转的动作去拨动重物。司机离开挖掘机，不论时间长短，铲斗必须放在地面上，严禁悬空停放。

7）挖掘机在正常作业时，禁止调整和润滑。必须进行保养、检修和排除故障时，应首先落下动臂并在发动机关闭后才准进行。

8）挖掘机在作业或空载行驶时，机体距架空输电线必须保持一定的安全距离。遇有大风、雷雨、大雾等天气时，挖掘机不准在高压线下面作业。

9）挖掘机作业时，工作装置回转范围内不准有人通过或停留，在任何情况下，铲斗内不准坐人。

第六节　压　路　机

一、压路机用途

在公路、铁路、机场、堤坝、港口以及各种工业场地的工程建设中，为了使土方基础达到一定强度，并保证其稳定性，通常选用各种不同型号和规格的压路机进行压实作业来满足工程需要。

压实作业是道路建设和建筑工程基础施工中不可缺少的工序。压实的目的是：

1）消除土中的空隙，降低渗透性，减少因水的渗入而引起土的软化和膨胀，使土保持稳定状态。

2）使路堤斜面保持稳定。在填方上保持足够的强度，以支承交通运输中所产生的负荷。

3）减少填方在压力下产生的下沉量。

人们对压实土的重要性，从很早的时候起就有所认识，但在实际施工中它又往往被忽视，造成难以挽回的后果。

在我国，铁路与公路建设因未采用压实机械压实或因压实质量不好造成路基下沉的事例也屡见不鲜，造成返工和极大的浪费。

压实作业是诸多建筑工程基础施工的重要工序，它直接影响工程质量和使用寿命。为此，压实机械在建筑工程施工中，应占有重要地位。

压路机主要用于下列工程项目的压实作业：

1）高速公路、道路、城市街道及停车场。

2）工业场地、仓库、操场、运动场。

3）铁路路基、路床。

4）民用、工业建筑基础。

5）土、石回填坝、管线。

6）挡土墙、桥基回填。

7）港口、码头建设。

8）强化地面建筑物基础。

9）低密实度自然土层、活动土。

随着建设事业的发展，压实作业的范围越来越广泛，并有许多特殊的应用：如干土、深层、水下、边坡、混凝土、冻土、煤层和垃圾等压实作业。

二、压路机分类

压路机的分类如表3-14，国内生产的压路机部分种类如表3-15所示。

表3-14　压路机的分类

<table>
<tr><th>分类依据</th><th colspan="3">类　别</th></tr>
<tr><td rowspan="14">压实原理</td><td rowspan="5">静力作用式压路机</td><td rowspan="2">轮胎压路机</td><td>自行式轮胎压路机</td></tr>
<tr><td>拖式轮胎压路机</td></tr>
<tr><td rowspan="3">光轮压路机</td><td>两轮两轴压路机</td></tr>
<tr><td>三轮两轴压路机</td></tr>
<tr><td>三轮三轴压路机</td></tr>
<tr><td rowspan="9">振动压路机</td><td rowspan="2">手扶式振动压路机</td><td>单轮手扶振动压路机</td></tr>
<tr><td>双轮手扶振动压路机</td></tr>
<tr><td rowspan="2">轮胎驱动振动压路机（凸块、光轮）</td><td>后轮驱动振动压路机</td></tr>
<tr><td>全轮驱动振动压路机</td></tr>
<tr><td rowspan="3">两轮串联式振动压路机（铰接式、整体式）</td><td>后轮驱动后轮振动压路机</td></tr>
<tr><td>双轮驱动后轮振动压路机</td></tr>
<tr><td>双轮驱动双轮振动压路机</td></tr>
<tr><td rowspan="2">拖式振动压路机</td><td>凸块拖式振动压路机</td></tr>
<tr><td>光轮拖式振动压路机</td></tr>
<tr><td rowspan="3">传动型式</td><td colspan="3">机械传动压路机</td></tr>
<tr><td colspan="3">液压传动压路机</td></tr>
<tr><td colspan="3">液力机械传动压路机</td></tr>
<tr><td rowspan="2">操作方式</td><td colspan="3">手扶式压路机</td></tr>
<tr><td colspan="3">拖式压路机</td></tr>
</table>

（续）

分类依据	类　别
操作方式	自行式压路机
用途	基础压实用压路机
	沥青路面压实用压路机
	沟槽压实压路机
	边坡压实压路机

表 3-15　国内生产的压路机部分种类

序号	压路机名称		型号
1	两轮光轮压路机		Y2D4 ~ 2Y8 × 10
2	三轮光轮压路机		3Y8 × 10 ~ 3Y18 × 21
3	自行式轮胎压路机		YL16 × 20 ~ YL20 × 26
4	轮胎驱动振动压路机	轮胎驱动光轮振动压路机	YZ08 ~ YZ30
		轮胎驱动凸块振动压路机	YZK12 ~ YZK30
5	拖式振动压路机		YZT8 ~ YZT22
6	两轮串联振动、振动振荡压路机	两轮串联振动压路机	YZC2 ~ YZC15
		两轮串联振动振荡压路机	YZD4 ~ YZDL8
7	光轮轮胎组合振动（振荡）压路机		YZL8 ~ YZZ12
8	两轮铰接振动压路机		BW141AD ~ BW217D-2
9	手扶振动压路机		YZSZ05C ~ YZ1.8

三、静力式压路机械

1. 静力式光轮压路机

静力式光轮压路机的工作装置是由几个用钢板卷成或用铸钢铸成的圆柱形中空（内部可装压实材料）的滚轮组成，如图 3-35 所示。它是借助滚轮自重的静压力作用对被压层进行压实工作的，故压实深度不大，一般用于分层压实。它常用于碾压路基、路面、广场和其他各类工程的地基，使之达到足够的承载力和表面平整度的要求。

静力式光轮压路机按碾压轮和轮轴的数目可分为两轮两轴式、三轮两轴式和三轮三轴式三种类型；按机械自重的大小可分为小型（3 ~ 5t）、轻型（5 ~ 8t）、中型（8 ~ 10t）、重型（10 ~ 15t）和超重型（ > 15t）五种类型。

小型压路机都是两轮两轴式，宜用于压实人行道或沥青混凝土路面的修补

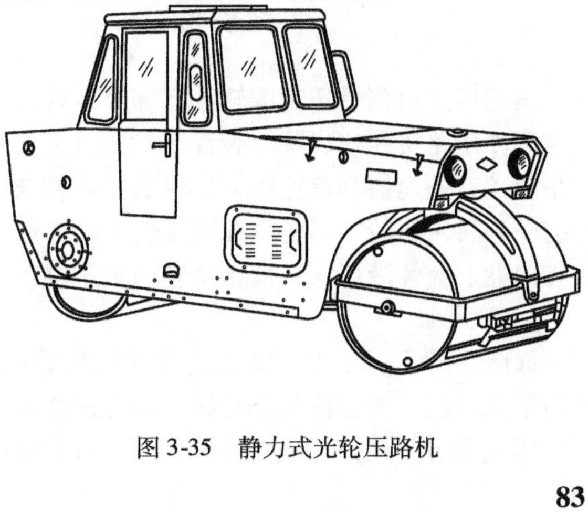

图 3-35　静力式光轮压路机

等养路工程；轻型压路机大多也是两轮两轴式，宜用于压实轻型沥青混凝土路面和广场等工程；中型压路机有两轮两轴式和三轮两轴式两种，宜用于压实路基、地基及初压铺砌层等工程；重型压路机有三轮两轴式和三轮三轴式两种，宜用于压实路基和砾石、碎石及沥青混凝土路面的最终压实工作；超重型压路机都是三轮三轴式，它宜用于路基的最终压实及重型石砌层和路面的压实。

所有静力式光轮压路机总体构造都是由发动机、传动系统、行驶滚轮、操纵系统、机架和驾驶室等部分组成。发动机是压路机的原动力，静力式压路机一般采用柴油机作为动力设备，它安装在机架的前部。

机架是压路机的骨架，它是用钢板焊接而成的。机架上装有发动机、传动系统、操纵系统和驾驶室。机架的前端和后部分别支承在前后滚轮上。

图3-36所示为两轮压路机传动系统图。发动机的动力经主离合器传递给变速齿轮，使压路机具有三档运行速度。在主传动轴末端固定小锥齿轮，小锥齿轮随轴一起旋转，同时带动左右两大锥齿轮做不同方向的旋转。倒顺车滑套可左右滑动，与一侧大锥齿轮的内齿啮合，同时也与另一侧大锥齿轮的内齿脱离啮合，从而使压路机前进或后退。倒顺车滑套和左右大锥齿轮称为压路机的换向机构。

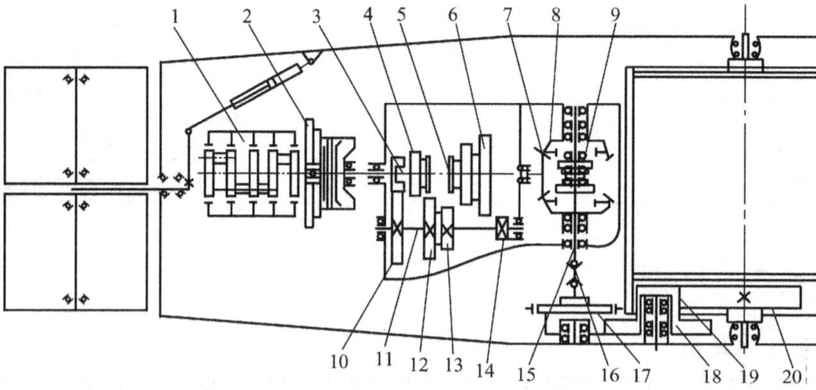

图3-36　两轮压路机的传动系统

1—发动机　2—主离合器　3、11—齿轮轴　4、6—滑动齿轮　5—主传动轴
7—小锥齿轮　8—大锥齿轮　9—倒顺车滑套　10—齿轮　12、13、14—变速齿轮
15—换向轴　16—万向节　17、18、19、20—侧传动齿轮

三轮压路机前后压轮的轨迹有部分重叠，使压实面积不会有遗漏。三轮压路机的传动系统与两轮压路机相比，除二者都有发动机主离合器、变速器和换向机构外，三轮压路机的传动系统还有差速器和差速锁，后轮通过半轴与差速齿轮花键联接。压路机的转向轮为前轮，即前轮为转向压轮，后轮为驱动压轮。转向压轮靠液压转向系统控制，液压转向系统由摆线式转向器、叶片液压泵、油箱及转向液压缸等组成。

2. 羊足碾

如图3-37所示，羊足碾是在光轮压路碾的表面上安装了许多凸爪，由于这些凸爪的形状与羊爪相似，所以称为羊足碾。因为这些羊足形的构件与被压土壤接触面积小，作用力集中，压实效果和压实深度均较同重量的光轮压路机高（重型羊足碾的压实厚度可达

30～50cm）。所以，羊足碾很适合对含水量较大且新填的黏性土进行压实，但不能用来压实砂土和工程的表面层。

羊足碾在碾压开始时，羊足陷入土中，滚轮表面与土壤接触，其接触面积较大，故单位压力较小。但随着碾压次数的增加，土壤达到一定密实度后，羊足就逐渐从土中露出来，此后机重只是通过羊足传给被压的土壤。由于羊足和土壤的接触面积很小，单位面积的压力却很大，故其压实能力很高。但由于羊足能深入土壤下层，对下层土壤先压实，而被压土层的表面却不平整，所以最后还需使用光轮碾来加工。

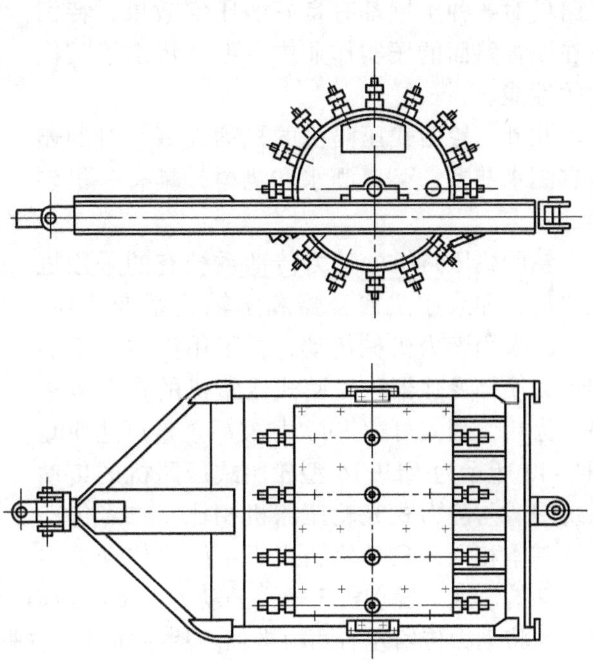

图 3-37　拖式单滚羊足碾

羊足碾可分拖式和自行式两种类型，常用的羊足碾多为拖式单滚羊足碾。羊足的形状（见图 3-38）和尺寸对土壤的压实质量和压实效果有直接影响。对羊足的主要要求是：单位面积压力要大，羊足翻松土壤的倾向要小。实际施工表明，图 3-38 中 d、f、g 三种形状的使用效果较好。为使羊足经久耐用，在羊足的尖端部位常堆焊一层耐磨锰钢。羊足的尺寸，根据实践经验，其高度和碾轮的直径之比应控制在 1∶8～1∶5。

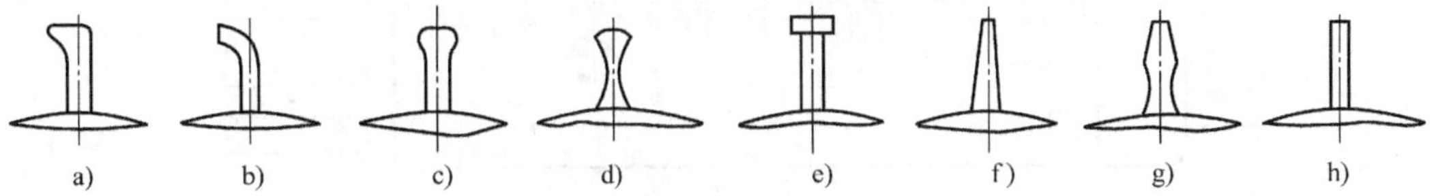

图 3-38　各种羊足的外形

3. 轮胎式压路机

轮胎式压路机是一种新型静力式压路机，国内外已广泛使用，是以多个耐油、耐热、弧形光面或细花纹的特制轮胎来压实铺层材料的特种车辆。如图 3-39 所示，轮胎式压路机的轮胎前后错开排列，一般前轮为转向轮，后轮为驱动轮，前、后轮胎的轨迹有交错部分，使之不致漏压。

与静力式光轮压路机相比，轮胎压路机由于胶轮的弹性所产生的揉压作用，使被压实层的颗粒向各个方向产生位移，因此压实表面均匀而密实；同时，由于胶轮的弹性变形，压实表面的接触面积比铁轮宽，使被压实的土壤在同一点上承受压力作用的时间长，力的影响程度大，故压实效率高。

轮胎式压路机有增减配重、改变轮胎充气的特性，并可改变其接地压力。因此，轮胎式压路机对各种土壤都有良好的压实效果，特别是在沥青路面的压实作业中，更显示出了其优越的性能。

此外，轮胎式压路机的机动性好，有的还装有洒水装置，可以洒水和浇树，具有一机多用的特点。

图 3-39　轮胎压路机外貌图

轮胎式压路机的动力传动系统有的采用机械传动，即采用主离合器和定轴轮系变速器；也有的采用液力机械传动，即采用液力变矩器和动力换档变速器。轮胎式压路机的自身重量最小为6t，最大可达40t，加载后重量可达50t。图3-40所示为YL9/16型轮胎式压路机的传动系统图。与静力式光轮压路机相比，二者传动系统基本相同，只是轮胎式压路机终传动采用链传动的形式。发动机3输出的动力，依次经离合器4、变速机构16、换向机构14以及差速器8将动力传给左右两根半轴。然后通过左右驱动链轮，最终将动力传至左右后轮轴而驱动左右后轮旋转。

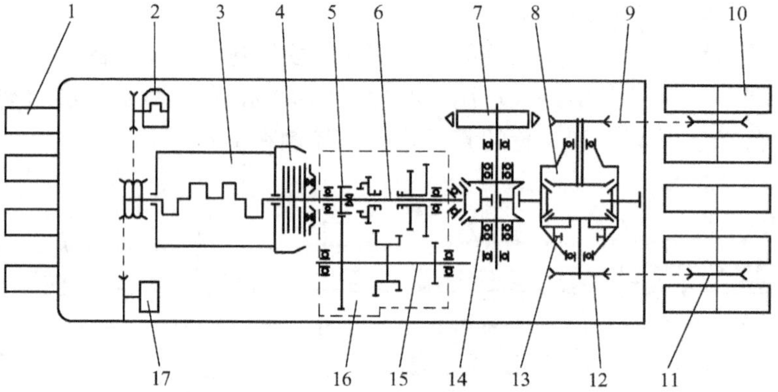

图 3-40　YL9/16 型轮胎式压路机传动系统图
1—前轮　2—气泵　3—发动机　4—离合器　5—输入齿轮　6—输出轴
7—制动器　8—差速器　9—传动链条　10—后轮　11、12—从、主动链轮　13—差速器
14—换向机构　15—传动齿轮箱　16—变速机构　17—液压泵

四、振动式压路机

振动式压路机是利用装在压路机上的振动装置振动压实路面的，振动装置装有偏心块（或偏心轴），偏心块（或偏心轴）高速旋转时所产生的离心力作用对路面进行振动压实的。它适用于大面积的路基土壤和路面铺砌层的压实。

振动式压路机与静力式压路机相比，在同等结构重量的条件下，振动碾压的效果比静碾压高 1~2 倍，动力节省 1/3，金属消耗节约 1/2，且压实厚度大、适应性强。振动压路机的缺点是不宜压实黏性大的土壤，也严禁在坚硬的地面上振动。同时，由于振动压路机的振动作用，给周围环境及人体带来了一定公害，限制了振动压路机的使用范围。在人口密集地区、危房区、靠近装有精密仪器的建筑物，以及公路桥梁的桥面等都不宜使用振动压路机进行压实作业。另外，由于振动对人体健康的影响，减振效果不好的振动压路是不受欢迎的。

振动压路机按行驶方法的不同可分为拖式、手扶式和自行式三种类型。拖式振动压路机工作时由牵引车来拖驶；手扶式振动压路机本身能自行，但其行驶方向和速度需由驾驶员在机下手扶操作，故操作人员工作时需随机走动；自行式振动压路机工作时是由驾驶员直接在机上进行操作的，因此，大、中型振动压路机均采用自行式（如图 3-41）。

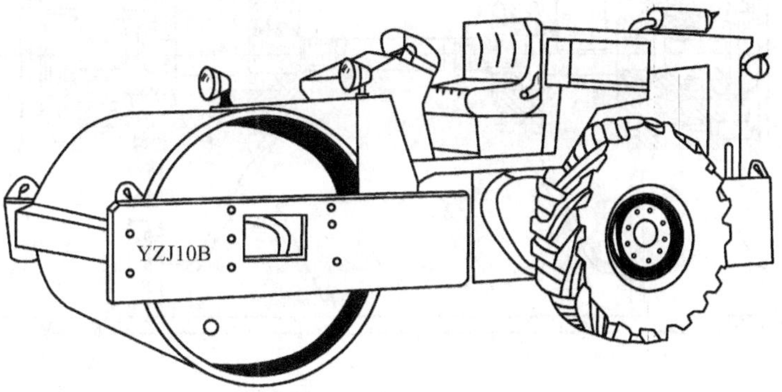

图 3-41　YZJ10B 型自行式振动压路机

按传动形式的不同，振动压路机可分为机械式和机液式两种类型。机械传动式柴油机的动力是通过齿轮、链条等机械传动来驱动压路机行走和使碾压轮产生振动的；机液式传动是柴油机的动力通过齿轮油泵产生高压油从而使碾压轮产生振动，并通过机械传动使压路机行走。

按振动压路机自身重量的不同，可分为轻型（0.5~2t）、中型（2~4.5t）和重型（8t 以上）三种。

振动压路机按工作轮形式的不同，可分为全钢轮式和组合轮式两种类型。全钢轮式振动压路机的前后轮均为钢轮，并且前轮为振动轮（即驱动轮），后轮为转向轮。组合轮式振动压路机的前轮为钢轮，后轮为胶轮。

YZJ10B 型振动压路机振动轮的结构如图 3-42 所示。振动轮通过减振器与机架相连，从而减少振动轮对车架及机架上机件的振动。钢轮由耐磨且焊接性好的钢板焊成，是振动轮的主体。钢轮两端的辐板上焊有轴承油浴室 A，在油浴室内装润滑油，以润滑振动轴承。振动轴通过振动轴承安装在轴壳的内孔和轴承座上，中间轴通过花键与振动轴相连。振动轴上的两偏心块在静止时应处于相同的相位。振动轮中的一根振动轴用花键套与装在振动轮轴承法兰上的液压马达输出轴相连接。当液压马达旋转时，带动两个振动轴转动，使振动轮产生振动。振动轮和振动轴各自转动，互不干涉。图中所示的振动轮为从动轮。若在振动轮上装有走行驱动装置和减速器，则振动轮为驱动轮。

目前，振动压路机的振动机构还设有自动停止振动的装置，当压路机停止行驶或改变行驶方向，如前进变后退或后退变前进时，振动轮就停止振动。这样可以防止由于局部地段过分振动，而形成路面凹陷。当振动轴的旋转方向与振动轮行驶时的旋转方向一致时，可以获得较好的振动效果，尤其在最初几遍压实中，效果更为明显。所以，振动轴的旋转方向要随振动压路机前进、后退的行驶方向而改变，并始终与振动轮的旋转方向保持一致。

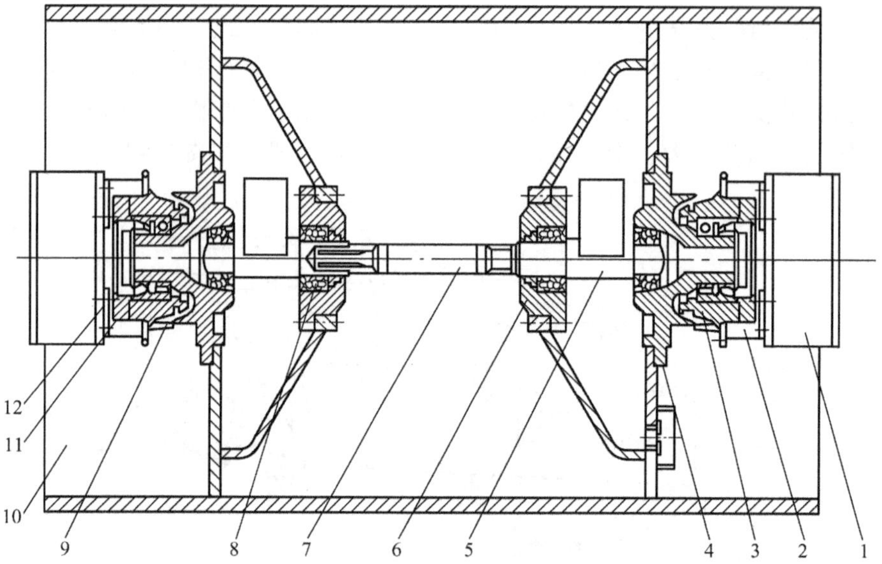

图 3-42　YZJ10B 型振动压路机振动轮的结构

1—连接板　2—减振器　3—法兰轴承座　4—轴壳　5—振动轴　6—轴承座　7—中间轴　8—振动轴承　9—走行轴承　10—钢轮　11—花键套　12—轴承法兰

五、压路机运用

1. 生产率的计算

各种型号压路机的生产率都按单位时间所压实的体积来计算。计算公式如下：

$$Q=\frac{3600(b-c)LhK_{h}}{\left(\frac{L}{v}+t\right)n}$$

式中　Q——压路机的生产率，单位为 m^3/h；

b——碾压带宽度，单位为 m；

c——相邻两碾压带的重叠宽度，一般 $c\approx0.15\sim0.25m$；

L——碾压地段长度，单位为 m；

h——铺土层压实的厚度，单位为 m；

v——碾压行驶速度，单位为 m/s；

t——转弯掉头或换档时间，转弯时间一般为 15 ~20s，换档时间一般为 2 ~5s；

n——在同一点碾压的遍数；

K_h——时间利用系数，一般为 0.8 ~0.9。

2. 合理使用

（1）路基的压实　路基压实的目的在于提高其强度和稳定性。如果路基压实不好，基础不稳，其上面铺设的路面就会很快损坏。因此，路基的压实工作对整个公路建设是至关重要的。

路基的压实作业应遵循“先轻后重、先慢后快、先边后中”的原则。

1）所谓先轻后重，是指开始时先用轻型压路机初压，随着被压实层密实度的增加，逐渐改用中型和重型压路机进行复压。

2）所谓先慢后快，是指压路机的碾压速度随着碾压遍数的增加可以加快。这是因为在初压作业时，土壤较松散，以较低速度进行碾压，可使碾压的作用时间长些，作用深度大些，土壤的变形也就更充分些，以利于发挥压路机的压实功能和避免因碾压速度过快造成推拥土壤或陷车的现象。随着碾压遍数的增加，铺砌层的密实度增加从而加快碾压速度，有利于提高压路机的作业效率和表层的平整度。

3）所谓先边后中，是指碾压作业应始终坚持从路基两侧开始，逐次向路中心移动碾压的原则，以保证路基的设计拱形和防止路基两侧的坍落。

另外，在碾压过程中，应始终保持压路机行驶方向的直线性。到达一碾压地段的尽头应迅速而平稳地换向，并使左右相邻两压实带有1/3的重叠量，以保证碾压质量。

施工中，对压路机的选择，应根据土壤类型和湿度、压实度标准，压实层厚度，压路机的生产率，施工条件以及其他土方机械的配合等因素的综合影响来选择。如一般黏性土壤可选用光轮压路机；如土壤湿度越低，路基所需的压实度就越大，铺砌层厚度就越厚（特别是重质土壤），则需选用重型或超重型压路机，并予以较多遍数的碾压，但需防止由于压路机的压实功能过大而破坏土壤的现象。另外，还应根据土方机械和运输工具的生产能力，相应地选择压路机的数量和类型。

（2）路面的压实　路面压实的目的在于获得表面最大的密实度，从而使道路表面形成一层坚硬的外壳，以保护它在自然气候和运输工具的作用下，都能保持铺砌层的相对稳定。

路面铺砌层的一般方法和路基的压实一样，从初压到以后各个阶段所选用的压路机也是先轻后重，速度由低到高。

为了防止混合料黏附在轮面上，应在压路机的滚轮面上抹一层特制的乳化剂或洒水（有的压路机设有专门的轮面洒水装置）。

在碾压过程中，应注意下列事项：

1）相邻两碾压带应重叠0.2～0.3m。

2）压路机的驱动轮或振动轮应超过两段铺砌层横接缝和纵接缝0.5～1.0m。

3）前段横接缝处可留5～8m、纵接缝处可留0.2～0.3m不予碾压，待与下段铺砌层摊铺后，再一起进行碾压。

4）路面的两侧应多压2～3遍，以保证路边缘的稳定。

5）根据需要，碾压时可向铺砌层洒少量的水，以利于压实和减少石料被压碎。

6）不允许压路机在刚刚压实或正在碾压的路段内掉头或紧急制动。

7）压路机应尽量避免在压实段同一横断面位置换向。

碾压不同的路面时，压路机的选用及施工程序也不同，应严格执行有关规定。

复习与思考题

1. 说明推土机分类及分类表示方法。
2. 说明推土机工作装置的结构组成及各部分的作用。
3. 简述推土机作业循环过程。
4. 推土机推土作业方法有哪些？
5. 简述推土机安全操作规程。
6. 说明装载机的分类及使用情况。
7. 说明装载机工作装置液压操纵系统的工作原理。
8. 装载机铲装作业的方法主要有哪些？
9. 简述装载机安全操作规程。
10. 说明装载机生产率计算方法。
11. 简述自行式铲运机主要技术性能。
12. 说明自行式铲运机工作装置的结构组成及各部分的作用。
13. 提高自行式铲运机生产率的措施主要有哪些？
14. 简述平地机用途及类型。
15. 说明平地机工作装置的结构组成及各部分的作用。
16. 简述平地机安全操作规程。
17. 说明单斗挖掘机的作业方法有哪些？各自的特点是什么？
18. 说明液压单斗挖掘机的工作装置的结构组成及各部分的作用。
19. 说明单斗挖掘机的生产率计算方法。

第四章

工程机械特殊条件下的使用

本章提要

本章重点介绍工程机械在走合期、低温、高温、高原山区、坏路和无路等特殊条件下的合理使用。通过学习，学生应掌握各种特殊条件下工程机械的使用特点和应该采取的相应措施，保证工程机械的合理高效使用。

第一节　工程机械走合期的使用

工程机械的动力性与燃料使用经济性能否充分发挥和保持稳定，以及使用的可靠性、耐久性等与其初期的使用情况有很大关系。新的或大修后的工程机械，其零件的加工表面存在着微观和宏观的几何形状偏差，总成及零部件的装配也有一定的允许误差。因此，新配合件表面的实际接触面积比计算的要小的多、实际比压要比理论计算值大得多。在此情况下，工程机械若以大负荷、甚至全负荷运行，将导致润滑膜破坏和局部温度升高，使零件迅速磨损和破坏，严重时某些总成出现故障，造成整个机械失去工作能力。新的或大修后的工程机械在开始投入使用的初始阶段，其各机构中的零件正处于磨合状态，还不能全负荷运行，我们称此使用阶段为工程机械的走合期。

工程机械的走合期实际上是一种在使用中对相对配合的摩擦表面进行磨合加工的工艺过程，是工程机械向正常使用阶段的过渡。在走合期里，零件摩擦表面不平的部分被磨去，逐渐形成了比较光滑、耐磨而可靠的工作表面，以承受正常的工作负荷。

一、工程机械走合期的使用特点

1. 零件磨损剧烈

机械走合的过程实质是在使用中对相互配合的摩擦表面进行磨合加工的过程。机械零件磨损特性如图 4-1 所示，由于新配合副的配合初始间隙 Δab 较小，表面较粗糙，因此在相对运动中会产生很大的摩擦力，使零件表面的磨损速度加快，同时磨掉的金属屑残留于或进入摩擦表面间，形成磨料磨损，使零件表面的摩擦更为剧烈（曲线在 A 段呈指数变化），而在走合终了后间隙增大为 Δcd，消除了加工和装配过程的误差和缺陷，使得进入正常使用期 B

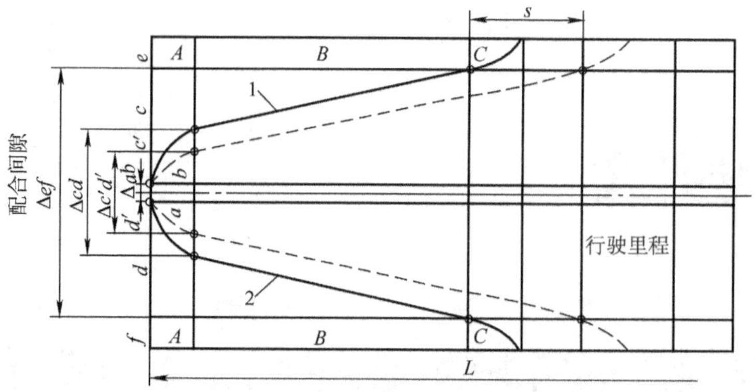

图4-1　机械零件磨损特性

段后，曲线呈线性变化，且平缓；达到极限间隙 Δef 后，进入加剧磨损期 C 段。所以，机械在走合期合理使用，可减小磨合终了间隙 Δcd 至 $\Delta c'd'$，延长正常使用期 B 段，即延长了工程机械的使用寿命。

2. 连接件易松动

工程机械在走合期内，由于零件易变形，配合件磨损后间隙增大，所以连接件易松动，特别是机械行驶系的连接件更易松动。

3. 故障较多

由于零件或总成加工装配质量不佳，以及紧固件松动，或者在这个阶段使用不当，未能正确制定和执行走合规范，所以走合期机械故障较多。如由于装配质量不好，各零部件间的间隙过小，走合时载荷过高，发动机润滑条件差，发动机很容易过热，常出现拉缸、烧瓦等故障。

4. 润滑油易变质

因为新的或大修后的工程机械零件表面比较粗糙，加工后的形状和装配位置都存在一定的偏差，配合间隙较小，因此走合时零件表面和润滑油的温度都很高，同时有较多的金属屑被磨落而进入配合零件间隙中，然后被润滑油带入曲轴箱中，容易使润滑油污染、氧化变质。因此，走合期对润滑油的更换有具体规定，更换时必须清洗发动机油底壳、变速器、后桥主减速器等，而后再添加新的润滑油。如发现润滑油杂质过多或变质严重则应及时更换润滑油。

二、工程机械走合期的使用规范

根据工程机械（包括总成、部件）的结构与工作特点，使用说明书上对其走合期的合理使用均作出专门规定。现以装载机为例说明如下：

新装载机使用时，必须经过走合，否则不能正式进行负荷作业。走合是使装载机各部件进行磨合，经过良好的走合，能够保证装载机可靠的工作，并延长其使用寿命。走合规定同样适用于大修后的装载机。

1. 走合前准备工作

对装载机普遍检视一遍，以检查在运输途中，是否有遭到损坏，零件丢失，连接零件松动等现象，如有则加以解决。

按照技术保养要求、驾驶与作业操纵的有关规定做好准备工作。

2. 走合

（1）空车走合

空车走合一般8h左右，走合方法为：

1）按照起动方法起动柴油机，起动后低速运转10min。

2）然后逐渐加速到额定转速运转5min。

3）原地操作工作装置，升降动臂，转动铲斗，进行10min。

4）空车行驶，各个档位走合，先低速，后高速。

空车走合的检查项目有：

1）检查柴油机有无不正常声音及其他故障。

2）检查各部位螺栓、螺母的紧固情况，特别是气缸盖螺栓、前后桥固定螺栓、车轮紧固螺母以及传动轴联接螺栓等。

3）检查各仪表读数是否正常。

4）检查各系统有无漏油、漏气、漏水现象。

5）检查转向是否灵活。

6）检查制动是否可靠。

7）检查工作装置动作是否灵活。

8）检查电气系统各部的连接；发动机的供电情况；各种灯光、仪表、信号的准确性。

（2）部分载荷走合

部分载荷走合一般40h左右，走合方法如下：

1）按作业方法进行，以铲装松散物料为主，动作不得过猛。

2）铲装负荷不得超过常用负荷的70%。

部分载荷走合的检查项目有：

1）紧固前后传动轴联接螺栓。

2）检查制动加力器油量。

3）检查变速器油位。

4）检查并润滑油门操纵、紧急制动、变速操纵系统。

5）向风扇轴、前后车架铰接点、传动轴、副车架各点压注黄油。

（3）走合结束后，应该做以下工作：

1）更换各系统用油。

2）发现故障及时查明原因，予以排除。

3）走合工作中作好记录，如有损坏的零件，可与制造厂联系解决。

3. 走合期的注意事项

1）柴油机起动后，均进行5min升温运转，待升温后再行驾驶，冬季应该延长柴油机升温运转时间。

2）应尽量避免急出车，急加速，急转向及急制动。

3）作业时避免动作过猛过急。

4）遵照给油表随时检查各部油量，不足时应及时补充。

第二节　工程机械低温条件下的使用

一、低温对工程机械使用的影响

1. 发动机的功率下降

气温低时由于燃油雾化性下降，使可燃混合气质量与燃烧不良，造成发动机功率降低。

2. 发动机起动困难

对于技术状况正常的发动机来说，在气温 -10 ~ 15℃情况下冷起动问题不大。若气温降低，又没有冷起动装置（如减压装置、电预热塞等）及保温等措施，发动机冷起动就十分困难，甚至无法起动。

发动机的起动性能除了与发动机类型、燃烧室形式、制造装配质量有关外，在使用过程中还受机油黏度、燃油的性能、点火能量以及发动机技术状况的影响。低温起动困难的主要原因有：曲轴旋转阻力大、燃料蒸发性差、蓄电池工作能力低。

（1）曲轴旋转阻力矩增大　发动机能否顺利起动与其曲轴的旋转阻力矩和起动转速有很大关系，而这两者又主要取决于润滑油的黏度。随着气温的降低，发动机润滑油的黏度增加，从而增加了发动机的起动阻力矩，使发动机的起动转速下降，影响了汽油机的汽油的汽化过程；对柴油机来说，因压缩冲程终了的气缸的压力、温度下降，柴油的喷雾质量及可燃混合气质量变差等都使起动困难。

（2）燃料的蒸发性差　燃料对发动机起动性能的影响主要是其挥发性和低温流动性。例如，随着温度的降低，汽油的黏度和相对密度增大（从 +40℃到 -10℃汽油的黏度提高76%，密度约提高6%。），使汽油的流动性变差，在喉管中的雾化也因其表面张力的增大而变坏。另外，低温时发动机机件吸热量大，对燃油的蒸发也很不利，使大部分燃料以液态进入气缸，造成起动困难。柴油会因温度降低，黏度增大，引起柴油雾化不良，使燃烧过程变坏。当温度降低到一定值时，则因柴油含蜡的沉淀物析出，使柴油的流动性逐渐丧失，轻则供油量减少，重则中断供油。

（3）蓄电池的工作能力降低　低温条件下汽油机点火系的蓄电池电解液浓度增大、内阻增加，端电压与输出功率下降，起动机无力拖动发动机旋转。与此同时，火花塞的跳火能量小，造成汽油机冷起动困难。

3. 运动副零件磨损严重

低温使润滑油的黏度增加，流动性差。以发动机为例，当环境温度为 -15℃时，柴油机起动2min后机油滤清器才出油，6min后机油才能到达主轴承。所以，发动机起动后的一段时间，靠机油润滑的各运动副零件会因缺油或少油处于半干摩擦，使磨损加剧。在发动机的使用周期中，50%的气缸磨损发生在起动过程，而冬季起动磨损占总起动磨损的60% ~ 70%。传动系各总成（变速器、主传动器等）的正常工作温度是靠零件摩擦和搅油产生的热量保证的，这种温升速度很慢，低温时的齿轮和轴承得不到充分的润滑，从而使零件磨损增大。例如，主传动器齿轮和轴承在 -5℃时的磨损量比 +35℃时的大10 ~ 12倍。

4. 液压系统动作迟缓

低温时液压油黏度增大，油泵输出流量减少，造成液压系统的执行元件动作迟缓。

二、改善工程机械低温使用性能的主要措施

为克服低温造成的对工程机械使用的不利影响，采取的技术措施主要有：预热、保温、合理选用燃料和润滑油、改善混合气形成、防冻等。

1. 暖车起动

起动前放尽散热器及发动机内的冷却水，另加注热水，并用电炉等烤热发动机油底壳和变速器。油底壳内装有电热器的发动机，通电几分钟后可将机油温度升高至正常工作温度。有电预热塞装置的柴油机，起动前先让预热塞通电几分钟使燃烧室内的温度升高。有条件的情况下可对整机进行保温，这不仅便于发动机顺利起动，还可使机械迅速起步。

2. 换用冬季用燃料、润滑油

低温下使用的燃料也应具有良好的挥发性、流动性、低含硫量，以利于发动机低温起动和减少零件磨损。在严寒地区应采用专门牌号的冬季燃油，使用起动燃料——乙醚等，使发动机容易点燃或压燃。

冬季使用工程机械时，发动机、变速器、主减速器等应采用低温时黏度增加不显著的冬季润滑油，如稠化机油，可使零件的润滑条件得到改善，并降低发动机起动阻力。

3. 使用防冻液，维护好节温器

我国北方地区冬季，应在水冷式发动机的冷却系中加入防冻液，如乙二醇防冻液等，既可防止气缸体等冻裂，又能大大减少起动前的准备时间，减轻驾驶员的劳动强度。

节温器能自动调节冷却水的温度，使发动机在最佳工作温度下运行。严禁驾驶员拆除节温器，并要加强对节温器的检查、维护，使之处于良好状态。

第三节 工程机械高温条件下的使用

一、高温对工程机械使用的影响

在我国炎热的南方和夏季的西北高原，环境温度超过32℃时，将对工程机械产生如下的不利影响：

1. 发动机充气效果与功率下降

气温升高使发动机罩内温度升高，进气密度、充气系数（充填系数）减小，使发动机的动力性、燃料使用经济性下降。

2. 汽油机不正常燃烧现象容易发生

随着环境温度的升高，气缸盖的温度也升高，使工程机械使用的汽油机的不正常燃烧——爆震燃烧、表面点火现象容易发生。

3. 零部件的磨损加剧、可靠性下降

以发动机为例，其冷却系散热能力差，发动机容易过热，润滑油黏度降低。所以，在高温季节里发动机的拉缸、烧瓦等事故容易发生，发动机的使用可靠性下降。与此同时，发动机的高温加剧了机油的热分解、氧化和聚合过程，再加上干燥的空气灰尘多、潮湿的空气水分多，促使机油变质，加剧了零部件的磨损。

4. 发动机运转不稳、排气污染加重

以汽油机为例，其工作温度随气温而升高，燃料供给系的油路容易产生气阻现象，使供油量减少或中断，造成发动机运转不稳甚至停止运转。温度高时可燃混合气浓度相对增大，由于不完全燃烧使 HC、CO 的排放量增加。

5. 液压系统工作效果下降

环境温度高时液压油黏度降低，内泄机会增多，液压泵容积效率降低。此外，还会加速液压油氧化变质。试验表明，液压油温度高于其正常工作温度 80℃时，使用周期将缩短一半。

6. 轮胎容易爆破

气温高时轮胎的热量不易散发，促使其气压升高，特别是旧轮胎容易发生爆破现象。

二、改善工程机械高温使用性能的主要措施

1. 提高发动机冷却系的冷却强度

每种发动机的冷却系只能适应一定的使用条件。工程机械在高温条件下使用时可以在结构方面进行某些改进，以增大其冷却系的冷却强度。例如，增加风扇叶片数或叶片角度、提高风扇转速、采用形状圆滑过渡的风扇圈、适当调整风扇传动带的松紧度等，加大冷却风量与流速，使气流畅通、分布均匀、阻力小，没有热风回流现象。在例行保养中要注意冷却系的检查，保持其良好的技术状况，以保证冷却效果。

2. 调整作业时间，避开高温作业

高温季节一天中的高温时刻多在 11～15 点。避开这段时间就可使工程机械的作业免受高温的影响，即夏季作业时间安排在早晚两段，中午停机，对人机均有利。对于连续作业，无法避开高温时间的施工，可采用增加机具台数，轮流停机的办法。

3. 调整轮胎气压，控制行车速度

轮胎气压以低于标准充气压 20kPa 为宜。若气温很高，轮胎过热，可在阴凉处停机稍候。但绝对禁止用放气降低气压或用冷水浇泼，这样做会促使胎体损坏。

高温环境下轮式机械轮胎的工作温度往往高达 110℃，已达到其临界温度（100～121℃），必然引起胎体强度下降，这是胎面脱胶和轮胎爆破的主要原因。为了延长轮胎的使用寿命，高温环境下的轮式机械应减载、降速运行，并注意检查轮胎温度。

4. 加强技术保养

换用夏季用机油，注意机油液面的检查。变速箱、主传动器的齿轮油因持续高温会早期变质，应适当缩短换油周期。轮毂轴承用的润滑脂在高温下容易流失，应定期检查。为保证行车安全，液压制动系应采用高沸点（不低于 115～120℃）的制动液。

5. 改善驾驶员的工作条件

为保证工程机械高温环境下的连续运行和作业安全，驾驶员应保持旺盛精神以便正确无误地操作。为此，驾驶室内应安装风扇或空调等设备，改善驾驶员的工作条件。

第四节　工程机械在高原地区的使用

一、工程机械高原地区的使用特点

工程机械在高原地区行驶和作业时，由于海拔高，气压低，空气稀薄，发动机充气量

少，导致发动机的动力性和燃料使用经济性下降，造成工程机械的驱动功率、牵引力以及作业能力、生产率的降低。

二、改善发动机性能的主要措施

发动机的性能指标是在一定的条件下标定的，它与实际使用条件、特别是在高原条件下有很大区别。提高工程机械用发动机在高原地区的动力性和燃料使用经济性的主要措施如下：

1. 增大供油提前角

随着海拔高度的增加，大气压力降低，柴油机压缩冲程终了时气缸压力和温度都下降，使燃烧过程的着火落后期延长。为了减少后燃现象，应增大供油提前角。供油提前角对柴油机在高原地区低速时的性能影响较大，供油提前角过小时尽管排气温度变化不大，而烟度却急剧变化。此外，柴油机的起动性能也会随海拔高度的增加而变坏，也要求调整其供油提前角。表 4-1 是某一型号柴油机高原地区最佳供油提前角的试验结果。海拔上升到 3810m 时，最佳供油提前角增加了 4°～5°（曲轴转角）。通常情况下，海拔高度每升高 1000m，供油提前角增加 1°。

表 4-1 供油提前角对比试验表

转速/（$r \cdot min^{-1}$）	最佳供油提前角	
	高原 3810m	平原
1500	33°	28°
1800	37°	32°
2200	39°	35°

2. 提高怠速转速

高原地区使用的发动机，由于压缩冲程终了时气缸压力、温度降低，着火落后期延长，使发动机的怠速不稳，因此要适当提高发动机的怠速转速。

3. 提高压缩比

提高压缩比不仅可提高压缩冲程终了时的气缸压力与温度，改善燃烧过程，加快燃烧速率，增大膨胀比，减少热损失，而且还可以采用稀混合气，从而提高了发动机的动力性和燃料使用经济性。提高压缩比可采用高压缩比的气缸盖等方法。在提高发动机压缩比时应根据具体使用条件，通过试验予以合理选择。

4. 合理选择配气相位

合理选择配气相位可以提高发动机的充气系数，改善发动机的动力性和经济性。配气相位的确定是与发动机的使用转速范围对应的。发动机的转速不同，进、排气门的开、闭角对气流惯性的影响也不同，因而进、排气门开闭的最有利的角度应随之变化。由于工程机械在高原行驶和作业时的转速范围发生变化，因此，应通过试验相应改变其机械式凸轮轴结构（凸轮线型和凸轮间的夹角等），重新确定合理的配气相位。目前，可变相位的配气机构业已采用，它可明显地提高发动机对使用条件的适应性。

5. 采用增压技术

以柴油机为例，装用废气涡轮增压器后增加了柴油机的充气量，压缩冲程终了时气缸压力和温度都相应提高，从而改善了柴油机的动力性和燃料使用经济性。与此同时，过量空气系数相应加大，使可燃混合气的燃气更加充分，改善了柴油机的燃料使用经济性。

第五节　工程机械在坏路和无路条件下的使用

坏路是指泥泞的土路和冰雪道路等。无路是指工程机械作业现场、松软的农田，以及草地或沼泽地等。

一、工程机械坏路和无路条件下的使用的特点

工程机械坏路和无路条件下的使用特点是，行驶阻力增大、附着力减小。因此，其牵引力减小，平均技术速度和装载重量或牵引重量明显下降，即生产率下降。此外，行走装置沉陷量大，使机械的通过性成为突出问题，对轮式机械来说尤为显著。

二、轮式工程机械在坏路和无路条件下使用时应采取的措施

轮式机械在坏路和无路条件下使用时，减小其滚动阻力和改善其驱动轮的附着性能，保证轮式机械的通过性是首要问题。为此可采取的措施有：

1）清除地面上的积雪、污泥、采用越野花纹的轮胎，或防滑链、防滑块、防滑带等，提高驱动轮与地面的附着系数。

2）采用全轮驱动，使整机质量为附着质量，以提高机械的驱动力。

3）当机械的一侧驱动轮沉陷时，利用差速锁使机械保持原有的驱动力。

4）适当降低轮胎气压，减少地面变形，以减小机械的行驶阻力。待机械在正常路面上行驶时恢复轮胎的规定气压。

5）机械用低速行驶，以保证机械有较大的驱动力。并且减小了车轮对土壤的剪切和车轮陷入深度，提高了附着力，减小了滚动阻力。

6）尽可能地少换档、慢加速，并保持机械直线行驶，使前后车辙重叠，以减少行驶阻力。

7）机械通过性丧失时可采取自救或他救措施。

机械处于无法驶离困境时驾驶员不要存有侥幸心理，切忌试图利用加大节气门的方法强行使机械驶出。否则，车轮或履带滑转将下方支承它的泥土拨向别处而越陷越深，使机体与地面接触、附着质量少，从而使附着力进一步降低，最终机械不仅自救无效，还增大了他救的困难程度。

复习与思考题

1. 说明工程机械走合期的使用特点。
2. 简述工程机械走合期的使用规范和注意事项。
3. 说明低温对工程机械的使用有哪些影响。

4. 改善工程机械低温使用性能的主要措施有哪些？
5. 说明高温对工程机械的使用有哪些影响。
6. 改善工程机械高温使用性能的主要措施有哪些？
7. 说明工程机械在高原地区使用时有哪些特点。
8. 工程机械在高原地区使用时，改善发动机性能的主要措施有哪些？
9. 轮式工程机械在坏路和无路条件下使用时应采取的措施有哪些？

第五章

工程机械管理基础

本章提要

本章主要介绍工程机械管理的意义、任务；工程机械管理体制、主要评价指标；机械设备的合理装备；机械设备的资产管理内容；机械设备更新和改造的方法和意义；机械设备的安全使用要点和安全技术管理；机械设备的维修制度、保养计划的编制与实施及大修理计划的编制与实施；机械设备技术档案的主要作用、具体内容及科学管理等知识。通过学习本章内容，学生应能够掌握工程机械管理的基础知识，为以后的工程机械管理工作打下一定的理论基础。

第一节　工程机械管理概述

一、工程机械管理的意义

工程机械设备管理也称为机械设备管理，是围绕机械设备开展的一系列组织和管理的总称，具体是指矿山、建筑施工企业对机械设备的装备购置、经营生产、使用维修、更新改造、处理报废等全过程的管理工作。当前，我国国有大中型矿山、建筑施工企业已实现了机械化生产或施工，生产性机械设备是生产力的重要组成要素，工程机械管理已成为现代矿山、建筑施工企业经营管理的重要组成部分。

工程机械管理对于合理地组织机械化生产或施工，降低劳动强度，提高生产率，保证工程质量，加快工程进度，降低工程造价和施工成本，保证安全施工等，都有十分重要的意义。

不同类型的企业，应结合企业的具体情况，制定机械设备管理制度，建立健全设备管理机构及岗位责任制，完善设备管理体制，加强机械设备的维护和检修工作。

二、工程机械管理的任务与内容

机械设备管理的任务就是对机械设备进行综合管理。做到合理装备、择优选购、正确使用、精心维护、科学检修、适时改造和更新设备，不断改善企业的技术装备水平，充分发挥设备效能，确保施工生产任务的顺利完成，从而达到提高企业经济效益、不断提高装备现代化和管理现代化的水平、不断提高企业在市场中的竞争能力的目的。

机械设备管理的内容，包括机械设备运动的全过程。即从选择机械设备开始，经生产领域的使用、磨损、补偿，直至报废退出生产领域为止的全过程。机械设备运动的全过程包括两种运动形态：一是机械设备的物质运动形态，包括设备选择、进场验收、安装调试、合理使用、维护修理、更新改造、封存保管、调拨、报废和设备的事故处理等，在实际工作中称为机械设备的使用业务管理（或叫设备的技术管理）；二是设备的价值运动形态，即资金运动形态，包括机械设备的购置投资、折旧、维修支出、更新改造资金的来源和支出等，在实际工作中称为机械设备的经济管理，构成企业的固定资金管理，由企业的财务部门承担。一般来说，工作机械管理按其具体工作内容的不同分为前期管理，资产管理、现场管理、安全管理、经济管理和统计管理等。

为搞好机械设备管理，施工企业应做好以下几项基础性工作：

1）机械设备管理是一项技术性很强的综合管理工作，企业要建立健全设备管理机构，切实加强设备工作的领导，既要坚持完成施工生产任务，又要克服只顾生产而忽视机械管理的倾向。

2）实行目标管理和岗位责任制，层层落实责任，推行全员管理，并经常性督促开展各项检查活动，调动群众管好、用好机械设备的积极性和创造性。

3）建立健全机械设备管理规章制度和严格的责任制度、奖惩制度，总结推广先进经验，使机械管理形成正常秩序，规范设备管理工作。

4）重视机械技术和业务知识的培训工作，努力提高设备操作人员、维修人员和管理人员的专业水平和业务素质。

三、机械设备管理体制

目前我国建筑施工企业的机械设备管理体制一般为：专业性施工公司装备大型土石方、起重、运输及桩工机械，一般建筑施工公司装备部分中型土方、起重、运输机械和各种其他中小型施工机械，并采取集中管理分散使用的原则。这种管理体制的优点是：使机械设备得到充分利用，发挥投资效益，避免机械设备利用率低下、投资效益不高、管理不善、使用不当和维修困难等情况发生。

机械设备的管理体制必须着眼于建筑施工企业的技术、经济效果，在装备机械设备的同时，还应大力发展机械设备的租赁业务。

四、机械设备管理的责任制

在建筑施工企业中，对机械设备管理负有责任的人员是：企业的经理、企业分管机械设备的领导、项目经理、施工现场负责人、各级机械技术负责人和各级机械管理部门负责人。各级机械管理的负责人应该由具备全面机械管理知识的技术人员担任。

1. 机械设备管理负责人的主要职责

1）对所属单位的机械管理工作进行组织和技术、业务的指导，领导并完成本部门职责范围的各项工作。

2）贯彻执行机械管理各项规章制度，根据本单位情况制定实施细则，检查各项规章制度的执行情况。

3）负责组织所属单位管好、用好机械设备，监督机械设备的合理使用、安全生产，组织机械事故的分析和处理。

4）负责推行业务竞赛活动，组织检查评比，促进机械设备管理工作的全面提高。

5）组织贯彻机械维修制度，审查维修计划，帮助维修单位提高技术水平。

6）审查机械统计报表，组织统计分析、掌握机械设备全面情况，解决存在的问题。

7）组织机械租赁和经济承包，推行单机经济核算，保证完成各项技术经济指标。

8）负责会同有关部门，做好机械管理的横向联系和协同配合工作。

9）及时、定期向主管领导汇报机械管理和维修工作情况，提出改进工作的方案和建议。

2. 一般机械管理人员守则

对于一般机械管理人员，应在本单位主管领导和部门负责人的领导下，根据分工，制定岗位责任制，并应遵守以下守则：

1）模范地遵守并贯彻执行国家和上级有关机械管理的方针、政策和规章制度。

2）努力学习机械管理专业知识，不断提高技术业务水平。

3）认真执行岗位责任制，做好本职工作。

4）面向基层，为施工生产服务，切实解决机械管理、使用、维修中的问题。

5）加强调查研究、如实反映情况，敢于纠正违反机械管理规定等的错误。

3. 机械设备群众管理的主要形式

除了充分发挥各级领导和专业人员的作用外，还应调动操作人员、维修人员和广大职工的积极性。一切机械设备都要靠人去操纵和维修，操作人员和维修人员对机械的情况最为熟悉，管好、用好机械设备的规定和措施也必须通过他们来具体体现。因此，必须发挥群众管理的作用，使各项机械管理工作有着广泛的群众基础，才能使机械设备管好、用好并使其完好状态得到充分保证。

机械设备群众管理的主要形式有：

1）建立定人、定机、定岗位责任的“三定”制度，把每台机械设备、每项机械管理工作具体落实到人。

2）建立以工人为主的机械检查组，负责机械日常状况的检查，监督例保执行并负责修、保机械的验收工作，必要时可协同处理管理工作中的重大问题。

3）在作业班组设立由经验丰富的工人担任兼职机械员，协同专职机械员做好机械管理工作。

4）开展各种竞赛和爱机活动，调动群众管理机械设备的积极性。

五、评价机械设备管理水平的主要技术经济指标

评价机械设备管理水平的主要技术经济指标有：

1）机械设备完好率：

$$\text{机械设备完好率}=\frac{\text{施工期内完好的机械台数}}{\text{施工期内实有的机械台数}}$$

$$机械台日完好率=\frac{施工期内制度台日中的完好台日数}{施工期内制度台日数}$$

2）机械设备利用率：

$$机械台日利用率=\frac{施工期内制度台日中实际工作台日数}{施工期内制度台日数}$$

$$机械台时利用率=\frac{施工期内制度台日中实际工作台时数}{施工期内制度台时数}$$

3）机械设备效率：

$$机械效率=\frac{施工期内机械实际完成总工程量}{施工期内机械平均总能力}$$

$$机械能力利用率=\frac{施工期内某种机械实际平均台班工程量}{某种机械台班定额产量}$$

4）机械化程度：

$$某工种机械化程度=\frac{某工种利用机械完成的实际工程量}{某工种完成的工程量}$$

$$综合机械化程度=\frac{\sum\left[\begin{pmatrix}各工种利用机械\\完成的实际工程量\end{pmatrix}\times\begin{pmatrix}各该工种工程的\\定额工日系数\end{pmatrix}\right]}{\sum\left[\begin{pmatrix}各工种工程完成\\的实际工程量\end{pmatrix}\times\begin{pmatrix}各该工种工程的\\定额工日系数\end{pmatrix}\right]}$$

5）机械技术状况和事故统计：

$$优良机率=\frac{优良机械台数}{工程主要机械台数}$$

$$一类机械率=\frac{一类机械台数}{工程主要机械台数}$$

$$故障发生率=\frac{事故次数}{机械平均总台数}$$

第二节　机械设备的合理装备

机械设备的装备有以下两个范畴：一是建筑施工企业如何装备机械设备；二是一项建筑工程如何选择和配备机械设备。此处仅讨论建筑施工企业如何装备机械设备问题，后一种配备问题属于合理选用机械的问题，在制定施工方案中详细研究和解决，是“项目管理”课程的任务。

一、建筑企业装备机械设备的原则

企业的机械设备装备是企业机械管理的重要问题。由于建筑生产的特点，产品的多样性，多变性，这就决定了机械配备和确定机械的品种、规格、数量是很复杂的问题。

企业机械设备的合理装备总的原则是技术上先进，经济上合理，生产上适用。也就是说，应该是既满足企业生产技术的需要，又要使每台机械都能发挥最大的效率，满足经济上的要求，达到适用的目的。

二、机械设备合理装备的结构特征

装备结构合理化是企业管理的目标之一，合理的装备结构具有以下特征：

1. 技术先进

技术先进是指构成施工企业机械化施工能力的主要机械设备应具有与当代平均水平相匹配的技术指标，即具有先进的能耗水平、生产效率、耐用性、安全性、环保性、可靠性和维修性等。随着技术的进步，原来技术性能可称先进的机械设备就可能变得技术陈旧和性能落后，对过时的老一代产品，或者已经步入老年役龄阶段的机械设备适时地更新是技术先进性的保证。

2. 机械效率和利用率高

在正常情况下，施工企业的主要机械设备应基本上达到国家规定的利用率和机械效率指标。否则，就无法追求经济效益，也无达到定额标准。要使施工企业的技术装备结构达到高利用率和高机械效率的要求，必须处理好以下两个关系：

（1）常用机械与非常用机械之间的关系　施工企业必须将机械按其长期利用率的高低区分为常用和非常用两大类，区分界线以年利用率为 60%，年利用率 60% 以上的定为常用机械，年利用率在 60% 以下的定为非常用机械。施工企业自有机械设备原则上只能由常用机械设备组成，对非常用机械设备，施工企业通过租赁的办法解决。

（2）机械化施工过程中机械设备之间必须有正确的配套关系　应在生产能力、技术性能、工艺性能之间合理地匹配。如果匹配不当，就难以达到高效使用机械设备的目的。

3. 机械化程度均衡

机械化程度的均衡是指工种、工序和工程之间机械化程度的均衡。如果机械化程度不均衡，就会在机械化施工的过程中出现“瓶颈”现象而影响工程进度，也无法体现总的机械化施工的优越性。

如果施工企业的装备结构只能实现高水平的机械化施工，那么这种装备结构是一种有缺陷的装备结构。在众多的机械化施工环节之间夹杂着一些主要依靠手工劳动的施工环节，这样的薄弱环节必须通过实现装备结构的合理化来加以解决。

4. 大、中、小型工程机械及动力机具的合理比例

在建筑施工中，不仅需要常规土方、混凝土和起重吊装的大、中型机械设备，同样在装修、电缆铺设和管道安装等的施工中还必须推广使用各种手持电动机具。否则，造成主体施工进度较快，而机械化施工的装修、管线敷设等工程进度较慢，总体优势无法发挥。合理的装备结构，必须把多层次结构作为一个必要的条件。

5. 便于使用与维修

机械设备便于使用和维修也是建筑施工企业装备结构合理化的重要方面。如果机械设备的操作复杂、保养维修技术难度大且成本较高、配件来源缺乏，必将给企业总的经济效益带来不利的影响。

综上所述，一个完善、合理的技术装备结构应该是一个具有平均先进水平、高效、机械化程度均衡、比例合理的多层次结构，便于使用、维修的装备结构。即使这种合理的结构已经形成，也还需要随着生产形势的变化适时地加以调整和完善，这就是装备管理的基本任务。

第三节 机械设备的资产管理

机械设备是建筑施工企业固定资产的重要组成部分。从固定资产的角度对企业的机械设备进行管理的全过程称为机械设备的资产管理。固定资产是指使用期限超过一年，单位价值较高，且在规定标准以上，为生产商品、提供劳务、出租或者经营管理而持有的有形资产。不属于生产经营主要设备的物品，单价在2000元以上并且使用年限超过两年的，也应当作固定资产。

机械设备管理的全过程包括机械设备的购置、验收、建立机械设备台账和单机卡片、分类编号、建立技术监理要案、清点盘查、折旧和大修基金提取、封存、调拨、处理和报废等工作。

一、机械设备的选型、购置

建筑施工企业机械设备的来源，主要的渠道便是购置与调拨。为了提高建筑施工企业机械设备的技术装备水平，企业将根据装备规划及生产的需要和资金筹措的情况，经过选型、购置、调剂等工作有计划地逐年添置机械设备，并对原有的机械设备不断进行更新。

1. 机械设备的选型

选型是机械管理中的最初工作。设备的可靠性与维修性很大程度反映于先天阶段，即设计、制造的工作质量。因而选型的好坏，直接影响到今后的机械使用与管理。

选型前应做好的工作：

（1）收集机型资料　对收集的资料进行比较，选其优者。

（2）研究工作特点　所选机型必须适用，能在生产中充分发挥机械效能。防止对生产特点了解不深，研究不透，仓促确定所购机型，以致机械设备购买后不适用，造成浪费。

（3）引进机械设备要考虑本单位的实际水平。

选型要考虑以下因素：

（1）先进性　应具备技术先进、结构合理、操作简便、耗能量低等性能，落后、淘汰或过时的产品切不可购买。

（2）经济性　所谓经济性，一是指购价低廉，特别是选购国外产品，更要多方了解比较；二是指机械设备本身应具备结构紧凑、重量轻、体积小、耗能低等经济性能，能减轻安装、使用方面费用。

（3）可靠性　是指精度、准确度的保持性，零件的耐用、安全可靠性等。

（4）环保性　超过国家规定的噪声和排污标准的，不能购买。

（5）维修费用低　维修费用占机械使用费支出的比重较大。为节约维修费用，要选购结构简单，零件组合合理，维修时零部件易于采购，便于拆卸、检查，通用化、系列化、标准化程度高，零件互换性强的产品。

（6）灵活性　要能适应不同的工作条件和环境，操作灵活，能适应多种作业需要。

（7）配套适用性　一是机械设备本身的配套，二是机械设备的组合作业配套。

2. 机械购置

选定机械设备后，准备购置时，一般需签订供货合同。

签订合同时要在不违反合同法的前提下，充分反映本企业的利益要求。具体应注意以下几点：

1）熟悉有关的合同法规。机械订货合同管理人员应了解经济合同活动全过程的所有细节。

2）合同管理应有专人按合同号有始有终负责管理，切忌频繁更动管理人员或出现分段管理。重点合同应由具备专业知识，同时熟悉合同法规的人员负责，并组成专业小组加强管理。一定要根除管理人不懂技术，而懂技术人员又无权的不正常现象。

3）签订合同时应细致准确，应将产品品种、型号、规格、等级、质量标准、数量、价格、付款方式、包装、交货期、交货方法、运输方式、验收方法等一一认真准确填写。对违约条款更应措辞严密，不得出现二义性。对进口设备还应当注意要求卖方提供设备维修保养的技术资料和必要的维修配件。

4）关键合同应由公证处办理公证，以便发生纠纷时提请仲裁。

5）加强资料管理。除合同应编号建档外，准备阶段的有关文件、签订过程中的会谈纪要，以及自合同签订之日起至合同规定的保证期中所发生的一切有关活动资料，都应收集整理归档，如其中包括来往信函及更改或取消合同的文件，到货通知单和海关手续，货物接运、商检、验收的原始记录与证书，保证期内的运行记载等。这些资料都是需要索赔及进行纠纷诉讼时的法律依据。

合同一经签订，即具有法律效力，不履行合同的负经济责任和法律责任。因此，必须定期检查合同执行情况，对执行过程中发生的一切事项要加以记录，并予以妥善处理。

二、机械设备的验收

不论是购置的新设备，还是调拨或转让的旧设备，以及自制的具备固定资产条件的机械设备，在进入本单位固定资产产权范围以前，都必须由机务部门组织验收。

验收的依据是核对各项原始凭证，包括：订货合同或协议书；订货的发票、货运单、装箱单、发货明细表、设备说明书、质量保证书及有关文件和技术资料等。

验收的内容主要是：机械外观检查和质量检验，随机附件、易损备品配件、专用工具以及设备说明书、图样等随机技术资料的清点等工作。

验收一般按下列程序进行：

1）根据合同核对发票、运单、品种规格和价格，按货运单初步检查包装完整情况和件数是否相符。如发现问题及时和承运方（供方）交涉索赔或拒付货款。

2）进行开箱检查。根据装箱单、说明书、合格证核实所有物品的种类、规格、数量以及外观质量。对发现的问题进行验记，并向承运方（供方）提出交涉或索赔。

3）在必要时和可能情况下进行运转，发现问题做出记录，提出索赔或交涉。

4）认真填写验收记录，做好建立技术档案的原始资料。

经验收合格后，首先由机械管理部门填写机械设备验收和试验记录单，之后请单位总工程师或总机械师签字，并随同原始单据交财务部门作为固定资产的入账依据。

三、机械设备的分类、编号、建台账、立卡和清点

为便于管理，机械设备必须按照国家和企业的规定，根据其性能和用途进行统一分类和

编号。

为掌握所有机械设备的基本情况，企业所属各级机械设备管理部门要建立机械设备台账和机械设备登记卡。机械设备台账以机械设备的编号为顺序，反映各类机械设备的数量，增减变化和分布情况以及每台机械的主要技术数据、来源及其原值等情况。机械设备登记卡为一机一卡，卡片应随机转移，报废时，卡片应附在报废申请表后送审。机械设备登记卡必须指定专人填写、保管，不得随便更改、毁换或增减内容，做到台账、登记卡与机械设备相符。

按照国家对国有资产清查盘点规定，建筑施工企业每年年终前都要对机械设备进行一次全面地清查盘点，作为年终清产工作的重要内容之一。

四、机械设备技术档案

所有机械设备要建立技术档案，内容包括：随机技术文件（产品使用、保养和修理说明书，出厂合格证、图样等），装箱单，交接验收凭证等原始技术资料，历次大修记录，设备改造记录，运转时间记录，机械事故记录，报废鉴定表及其他有关资料。

企业机械管理部门应建立机械履历书，并有专人负责保管，建立借阅登记簿；报废解体销毁后的机械设备，档案也随之销毁。

五、机械设备折旧和折旧基金

机械设备作为生产施工企业的固定资产，在长期参加施工生产过程中逐渐磨损，而其价值则随着固定资产的使用逐渐地、部分地转移到工程成本或企业的期间费用中去，这部分逐渐转移的价值就是固定资产折旧。机械设备的折旧就是根据机械设备的磨损程度，按月或年一部分一部分地转移到工程成本中去的机械设备价值。折旧的不断累积，形成用于机械设备更新和改造的资金称为折旧基金。

生产施工企业一般根据制度规定的各类固定资产预计使用年限和预计净残值率，采用年限平均法或工作量法计提折旧。净残值是指机械设备报废后的残体价值减去处理报废所需的费用。

国家规定国有企业的固定资产必须按月计提折旧基金。当月增加的固定资产，当月不提折旧，从下月起计提折旧；当月减少的固定资产，当月照提折旧，从下月起不提折旧。企业不得随意改变折旧政策；不得少提、多提固定资产折旧。折旧基金和转让机械设备的收入，必须全部用于机械设备的更新改造，而不得用于其他开支。

六、机械设备的封存、调拨、处理和报废

1. 机械设备的封存

由于生产任务不足或企业转产等原因，造成闲置的机械设备，应维修保养后入库封存保管。将闲置6个月以上的机械设备进行封存保管，对加强机械设备的管理是有益的，但企业还应抓紧安排闲置机械的出路，尽量减少由于封存给企业带来的经济损失。

机械设备的封存保管应由公司一级机械管理部门负责。应建立封存设备库、建立封存设备台账并制定进、出库制度，设专人负责。对于封存保管的设备，上级主管部门可根据施工生产的需要，随时调拨给其他单位。

2. 机械设备的调拨和处理

有些施工企业由于施工生产的变化或由于更新和购置失误等原因，可能造成一些机械设备的闲置或积压。同时，也有施工企业由于生产任务急需某些机械设备，但因一时采购不到或因购置新设备资金不足，也希望能找到一些所需的闲置积压设备，于是便发生了机械设备的调拨和处理。这样既能充分发挥机械设备的作用，又能减轻企业的负担。

调拨一般是指同建制企业之间和本企业内部机械设备的调动。而处理则一般指不同建制企业之间所进行的机械设备的变价销售。同建制企业之间的机械设备调拨属于产权变更，应办理固定资产转移手续，企业内部生产单位之间机械设备的调拨不属于产权变更，而只是使用权的转移，因而不需要办理固定资产转移手续。机械设备的处理也称为有偿调拨，属于产权变更，要办理固定资产转移手续。

在进行机械设备的调拨和处理时，施工企业应注意：

1）凡属国家或部规定淘汰机型的设备，一律不得调拨或处理给其他单位。

2）汽车类机械设备在调拨和处理时，要同时办理行车执照、养路费和保险费等转移手续。

3）机械设备调拨要经过上级主管部门批准，凭上级主管部门签发的机械设备调拨通知单执行。

3. 机械设备的报废

机械设备使用时间已达到折旧年限，或因磨损严重，或因事故使机械设备受到严重损坏，均可进行报废处理。机械设备属于下列情况之一的应予以报废：

1）磨损严重、基础件已损坏，再进行大修已经不能使其达到使用和安全要求的机械设备。

2）技术性能落后、耗能高，无改造意义的机械设备。

3）修理费用高，在经济上大修不如更新合算的机械设备。

4）属于淘汰机型、无配件来源的机械设备。

机械设备报废时，应组织有关部门进行技术鉴定，并按规定办理报废手续。设备报废时未提足折旧的，应予补提。所谓提足折旧，是指已经提足该项固定资产应提的折旧总额。已达到报废条件的机械设备，应及时报废。淘汰或报废的机械设备不能向外租赁或转让。但由于意外事故、自然灾害等原因造成提前报废的机械设备，可不补提折旧费。

第四节　机械设备的合理使用

机械设备的使用管理是指机械设备在使用过程中对操作人员和对机械设备本身的管理。对操作人员的管理包括三定责任制度（定机、定人、定岗位责任）、技术培训、技术考核、机械设备的检查和竞赛活动；对机械设备本身的管理包括机械设备的经济使用、技术使用和安全使用。

机械设备使用管理的目标使机械设备的使用做到高效、科学、经济和安全。

机械设备的合理使用，是机械设备管理中的重要环节，关键的问题是要在合理使用机械的基础上，处理好使用同维修与保养之间的关系。为此，必须做好以下几个方面的工作。

1）要根据施工任务的特点，施工方法及施工进度的要求，正确配备各种类型的机械设备，使所选择的机械设备技术性能，既能满足施工生产活动的要求，又能使机械设备的寿命周期费用最低。

2）要根据机械设备的性能及保修制度的规定，恰当地安排工作负荷及做好使用的检查保养，及时排除故障，不带故障作业。

3）要贯彻“人机固定”的原则。实行定人、定机、定岗位的“三定”制度，是合理地使用机械设备的基础。实行“三定”制度，能够调动机械操作者的积极性，增强责任心，有利于熟悉机械特性，提高操作熟练程度，精心维护保养机械设备，从而提高机械设备的利用率、完好率和设备产出率，并有利于考核操作人员使用机械的效果。

4）要严格贯彻机械设备使用中的有关技术规定。机械设备购置、制造、改造之后，要按规定进行技术试验，鉴定是否合格；在正式使用初期，要按规定进行走合运行，使零件磨合良好，增强耐用性；机械设备冬季使用时，应采取相应的技术措施，以保证设备正常运转，等。

5）要在使用过程中为机械设备制造良好的工作条件，要安装必要的防护、安全等装置。

6）要加强对机械管理和使用人员的技术业务培训。通过举办培训班、岗位练兵等形式，有计划有步骤地开展培训工作，以提高实际操作能力和技术管理业务水平。

7）建立机械设备技术档案，为合理使用、维修、分析研究机械设备使用情况提供全面历史记录。

第五节　机械设备的更新和改造

一、机械设备损耗

机械设备购置后，在使用或闲置过程中，都会逐渐发生损耗。这种损耗有两种类型。一种是有形磨损（又称物理磨损），另一种是无形磨损（又称经济磨损）。

1. 有形磨损

有形磨损是使用过程中在外力作用下的使用磨损和闲置过程中受自然力作用而产生的自然磨损。有形磨损，有一部分可以通过修理得到修复和补偿。还有一部分是不可能通过修理得到补偿，而需要通过部分更新来补偿。

2. 无形磨损

无形磨损是由于科学技术的进步，不断出现更完善、生产效率更高的机械设备，使原有机械设备价值下降，或是由于机械设备的再生产价值不断降低，而使原有机械设备相对贬值。对于无形磨损的补偿办法是技术更新。机械设备技术更新，就是指用原型新设备或结构更合理、技术更完善、性能更好、生产效率更高、耗费原材料和能源更少、外形更新颖的新设备更换那些技术或经济上不宜继续使用的老设备。

二、机械设备寿命

设备寿命在不同需要情况下内涵和意义不同。设备寿命主要包括自然寿命、技术寿命、经济寿命和折旧寿命。

1. 自然寿命

设备的自然寿命（又称为物质寿命）是指设备从投入使用到因物理磨损和不能继续使用、报废为止所经历的全部时间。自然寿命主要由设备的有形磨损所决定，因此应做好机械设备的保养和维修工作。

2. 技术寿命

技术寿命（又称有效寿命）是指设备从投入使用到因技术落后而被淘汰所延续的全部时间。技术寿命主要由设备的无形磨损所决定。通常，此时设备的自然寿命并未结束，但由于市场上出现技术更完善，经济效益更好的新设备，继续使用旧设备的企业的生产费用将高于使用新设备的同类生产企业。

3. 经济寿命

设备的经济寿命指新设备从投入使用开始，到设备年平均费用最低为止所经历的时间。年平均费用是指设备运行阶段中的年均折旧与年均经营费用之和。设备使用过程中，年平均费用（平均每年总成本）是随时间而变化的，随着机械设备使用时间的增长，摊入到产品中的设备的年折旧费逐渐减少，而年经营费用（即燃料动力费、保养修理费等）显著提高。因此，在某一最适宜的使用年限，年平均费用会达到最低值，而此时正是设备达到其经济寿命的时候。

4. 设备的折旧寿命

由于设备在使用过程中不断地发生各种磨损，财务部门必需把设备投资逐渐摊入成本，以收回设备投资。设备从购进到其在财务帐簿上价值为零所经历的时间被称为设备的折旧寿命。折旧寿命对企业是否作出淘汰旧设备的决策影响很大，其计算的准确程度直接影响到设备决策的正确性，必须根据经济形势的需要和技术进步的情况，合理地确定设备的折旧方案。

三、机械设备的更新

1. 设备更新的概念和方式

设备更新是用新型设备更换原有的技术落后或经济上不合理的旧设备，它是针对设备综合磨损的一种补偿方式，是维护和扩大社会再生产的重要保证。设备更新有两个主要方式：一是以结构、功能相同的设备简单地替换老设备称为役龄更新；二是以技术上更先进，经济效益更显著的新型设备来更换旧设备称为技术更新。后一种方式不仅能解决设备损坏的补偿问题，而且能促进企业的技术进步。因此，在经济合理的条件下，应尽量采用后一种更新方式。

设备更新的时机主要取决于设备的寿命。在进行设备更新时，应多掌握设备运行的实际情况，从技术、经济两方面着手，作出正确的更新决策。

2. 机械设备的更新规划

机械设备的更新指以新代旧，具体可分为役龄更新和技术更新。用完全相同的机械填补应报废而产生的空缺称为役龄更新；用技术性能完全新型的同类机械设备替换陈旧落后的旧机械设备称为技术更新。

建筑施工企业的设备更新一般发生在下列两种基本情况：第一种情况是按照国家或上级主管部门规定应该或必须更新的某种机械设备；第二种情况是由于先进技术性能的机械设备

进入市场，企业主动采取的更新措施。技术更新条件一般为：

1）设备在技术上已经陈旧落后，一般耗能超过20%以上者。

2）设备使用年限长，已经过四次以上大修或一次大修费用超过正常大修费用1倍以上者。

3）设备严重损耗，大修后性能、装配精度仍不能达到规定要求者。

企业在进行技术更新时，必须对技术更新的必要性经过充分论证，证明更新确实比不更新具有明显的优势，才能做出更新决策。如果企业生产能力本来就不足，可充分发挥旧设备的作用，扩大生产能力，即便旧设备在经济上比不上新设备，也不一定马上更新。在更新时应深入进行产品技术性能调查，如果能预见到近期内将有性能更先进的产品进入市场，可再推迟一段时间更新。

四、机械设备的改造

1. 机械设备的改造的概念和方法

机械设备的改造是指机械设备的局部技术更新。即根据施工生产的具体需要，改造旧设备的局部结构，或在旧设备上增加新部件、新装置，从而改善和提高旧设备的技术性能。

为了尽快改变机械设备老旧杂的落后面貌，提高企业生产的现代化和机械化施工水平，尽快形成新的生产能力，对现有的机械设备，既要采取“以新换旧”，还要“改旧变新”，对于老旧杂的机械设备就需要进行技术改造。

机械设备改造的具体方法很多，如改造设备的动力装置，提高设备的功率；改变设备的结构，满足新工艺的要求；改善零件的材料质量和加工质量，提高设备的可靠性和精度；安装辅助装置，提高设备的机械化、自动化程度；另外，还有为改善劳动条件、降低能源和原材料消耗等对设备进行的改造。

2. 机械设备的改造规划

机械设备的改造一般都具有投资小，见效快的特点，是挖潜、节约开支和改善陈旧设备技术性能的有效途径，是企业装备规划中不可缺少的内容。但是，必须对改造方案的技术可行性进行研究和对经济效果进行预测，以防改造失败，造成经济损失。

在进行机械设备的改造中应注意以下各点：

1）要同整个企业的技术改造相结合，提高企业生产能力。

2）要以降低消耗、提高效率，达到最大经济效益为目的。

3）在调查研究的基础上，做好全面规划，根据需要和资金、技术、物质的可能，有重点地进行。

第六节　机械设备的安全管理

机械设备的安全管理是指机械设备在使用过程中，采取各种技术措施和组织措施，消除一切使机械遭到损坏、使人身受到伤害的因素或现象，从而避免事故发生，实现安全施工生产。机械设备安全管理工作是机械设备管理的重要内容，贯穿于机械设备管理的全过程。

一、机械设备安全使用要点

（1）建立健全安全生产责任制　机械设备的安全使用应列入施工企业领导、项目经理的任期目标。根据管生产必须管安全的原则，对企业各级领导、各职能部门、生产岗位上的职工，都要按其工作性质和要求，明确规定对机械安全的责任。

坚持三定制度（定机、定人、定岗位责任）、机长负责制制度和操作证制度，将各项安全要求和责任明文写进各项规定中，落实到每个人身上，以保证安全责任制的贯彻执行。

（2）健全、完善、落实安全技术操作规程　安全技术操作规程是确保机械设备安全使用的法规性技术文件，是机械安全运行、安全作业的重要保障，是安全教育的基本教材，也是分析事故原因、查清事故责任的基本依据。完善的安全技术操作规程应包括三个方面的内容：

1）有关纪律性规定：主要包括一般应遵守的劳动纪律和安全知识。

2）有关通用技术性规定：主要包括机械设备通用部分的安全操作要点。

3）有关专业技术性规定：主要针对机械设备的特殊结构或性能而制定的安全使用要点。

（3）积极采用安全装置　随着安全技术的发展，在机械设备上安装自动报警、自动显示、自动连锁、自动停车等安全装置，当出现问题时自动动作，具有人所不及的安全保护作用。因此，只要技术上可能和条件上许可，都应积极采用，同时要定期对安全装置进行性能检测，以防失灵误事。

（4）对职工经常进行安全教育　对机械专业人员、各种机械的操作人员进行不间断的安全教育，除日常教育外，还必须进行专业技术培训和机械使用安全技术规程的学习，作为取得操作证的主要考核内容。

（5）认真开展机械安全检查活动　机械安全检查的内容，一是机械本身的故障和安全装置的检查，主要是消除机械故障和隐患，确保安全装置灵敏可靠；二是机械安全施工生产的检查，主要检查施工条件、施工方案、措施是否能确保机械安全施工生产。同时，还应开展百日无事故、安全运行标兵等竞赛活动。

二、机械设备安全技术管理

1）项目经理部技术部门应在工程项目开工前编制包括主要施工机械设备安全防护技术的安全技术措施，并报管理部门审批。

2）认真贯彻执行经审批的安全技术措施。

3）项目经理部应对分包单位、机械租赁方执行安全技术措施的情况进行监督。分包单位、机械租赁方应接受项目经理部的统一管理，严格履行各自在机械设备安全技术管理方面的职责。

三、机械验收

1）项目经理部应对进入施工现场的机械设备的安全装置和操作人员的资质进行审验，不合格的机械和人员不得进入施工现场。

2）大型机械塔吊等设备安装前，项目经理部应根据设备租赁方提供的参数进行安装设计架设，经验收合格后的机械设备，可由资质等级合格的设备安装单位组织安装。

3）设备安装单位完成安装工程后，报请主管部门验收，验收合格后方可办理移交手续。

4）中、小型机械由分包单位组织安装后，项目部机械管理部门组织验收，验收合格后，方可使用。

5）所有机械设备验收资料均由机械管理部门统一保存，并交安全部门一份备案。

四、机械管理与定期检查

1）项目经理部应视机械使用规模，设置机械设备管理部门。机械管理人员应具备一定的专业管理能力，并熟悉掌握机械安全使用的有关规定与标准。

2）机械操作人员应经过专门的技术培训，并按规定取得安全操作证后，方可上岗作业；学员或取得学习证的操作人员，必须在持《操作证》人员监护下方准上岗。

3）机械管理部门应根据有关安全规程、标准制定项目机械安全管理制度并组织实施。

4）在项目经理的领导下，机械管理部门应对现场机械设备组织定期检查，发现违章操作行为应立即纠正；对查出的隐患，要落实责任，限期整改。

5）机械管理部门负责组织落实上级管理部门和政府执法检查时下达的隐患整改指令。

第七节　机械设备的维修管理

维修是机械设备维护和修理的合称，通常维护也称保养。维修管理是对机械设备保养和修理工作的计划、组织、监督、控制和协调，其目的是减缓和消除机械设备在运行过程中所产生的损耗，提高机械设备使用的可靠性，延长机械设备的使用寿命，提高机械设备使用与维修的经济效益。

一、机械设备的维修制度

机械设备的维修制度经历了一个长时期的演变过程。最初的机械设备维修制度是事后维修制。所谓事后维修制是指当机械设备出现了故障才去修理，只要机械设备不出故障，就一直使用下去。随着施工生产机械化程度的日益提高，机械设备的突发性故障对生产的影响变得很大，甚至会导致生产的重大损失，这时，事后维修制已无法适应施工生产发展的需要。同时，人们在维修的技术理论研究方面，也有了明显的进步，对机械设备的磨损和损坏规律的认识有了重要突破，于是便产生了计划预期检修制和预防检修制的维修制度。

1. 计划预期检修制

计划预期检修制是典型的定期维修制度，它的主要特征是定期保养、计划修理，其指导思想是养修并重、预防为主。

（1）计划预期检修制的内容　计划预期检修制分为保养和修理两部分作业内容。把机械设备从完好到需要彻底修理最多分为七个维修等级：即日常保养、一级保养、二级保养、三级保养、四级保养、中修和大修。对各级维修等级都规定有间隔期，各级保修等级间隔期之间均成倍数关系。

各级维修作业内容的划分大体遵从如下规定：

日常保养：也称为每班保养或例行保养，由操作人员班前班后对机械设备进行“十字作业”（清洁、润滑、紧固、调整、防腐）。

一级保养：除日常保养作业内容外还应检查润滑油面，添加润滑油，清洗空气、燃油、机油滤清器。

二级保养：除一级保养全部作业内容外，增加检查和调整内容，例如检查和调整离合器、制动踏板行程等。二级保养需要有修理工人配合进行。

三级保养：除二级保养全部作业内容外，还需要进行某些总成的解体、清洗、检查、调整，以消除隐患。例如进行柴油喷油压力和时间的检查、调整等。从三级保养开始，就需要由专职维修人员负责进行。

四级保养：为最高一级的保养，应对大部分总成进行解体性清洗、检查和调整，其目的是对整机进行一次较彻底的全面检查和调整。

中修：中修是机械设备两次大修之间的平衡性修理。其目的是消除各总成间损坏程度的不平衡，达到尽可能延长大修间隔周期的目的。

大修：大修是对机械设备进行全面、彻底的恢复性修理。大修作业时，应将机械设备全部解体，对所有零件，包括基础件进行检查、鉴定，并对其按照大修技术标准进行修复或换新。大修后各零件必须达到原厂规定的技术标准，使机械设备无论从实质上还是从外貌上都达到整旧如新的程度。

上述七级维修分级是一种最全的分级制度，并不是所有机械设备都执行上述七级维修分级制度。根据机械设备的类型特点一般执行以下规定：大型起重、挖掘、装载、土石方筑路机械执行七级维修制度；汽车类机械执行日常保养，一、二、三级保养，大修制；中小型电动施工机械等执行一、二级保养，大修制；个别结构简单的机械设备不执行计划预期检修制，采取事后维修制。

随着科学技术的进步和职工技术素质的提高，机械设备的制造质量和可靠性已明显得到提高，使用人员和修理人员的使用维修水平也有不同程度的提高，使机械设备的使用状况得到明显改善。因此，目前已取消中修和四级保养并逐渐延长各级维修的间隔期。除上述维修分级制度中各级保养和大修外，还有机械设备为排除临时故障所需的现场修理即所谓小修和事故性修理。

（2）机械设备保养周期　各类机械设备的保养周期见表5-1。

表5-1　机械设备保养周期表

类别＼级别	一级保养	二级保养	三级保养
大中型机械	200h	600h	1 800h
小型机械	600h	1 200h	无
运输车辆	一级维护	二级维护	无
国产车（参考值）	3 000km或20天	15 000km或4个月	无
进口车（参考值）	4 000km或30天	20 000km或6个月	无

一般情况下，凡构成固定资产的机械设备及附属装置，其原值在40万元以上（含40万元）的属大型机械；原值在（5～40）万元的属中型机械；原值在5万元以下的属小型机械。具体的机械究竟属于哪种类型，可以通过该机械在保修规程中规定的保养周期看出。

各类进口机械原则上按随机维修说明书规定执行，但为统一起见，保养周期按国产机械所列周期执行，原说明书中对保养周期有明确要求的，均被列在技术要求及说明栏中加以说明。

（3）机械设备修理周期　由于某机械的施工条件、操作驾驶和保养状况的不同，即使机种、机型相同，也会导致其磨损状况不一样的结果，所以修理周期或称间隔期是一个相对的概念。平时接触到的修理间隔期定额也只能是根据某种机械的一般磨损规律确定的指导性计划和考核指标。其意义在于，据此可以编制机械修理计划，安排修前技术鉴定，以及作为衡量和考核机械使用、保修工作的标准。修前技术鉴定所确定的修理期限才是实际意义上的修理时间。

2. 预防检修制

预防检修制的维修制度也称为定期检查、按需修理维修制或定检定项维修制。它是在总结计划预期检修制的不足，吸收国外以机械状态检测为基础的预防维修的做法，是在施工企业推广的新的修理制度。

定检定项维修制的特点是：定期检查、按需修理，根据机械设备的运行周期，采取和应用机械设备诊断技术和仪器，通过一定的检测手段，如油样分析、废气分析、温度测试、磁性传感、超声波探测等不解体的测试技术，检查了解机械的技术状态，发现存在的隐患，有针对性地安排修理计划，以排除这些缺陷和隐患。定期检查、按需修理的方式接近于机械的实际情况，因而安排的修理计划接近于机械当时的状况和切合机械缺陷所需要的修理，具有修理及时且费用低的优点。但实行定检定项修理制必须具备一定的检测仪器、设备和掌握一定的诊断技术。

二、保养计划的编制与实施

保养计划是组织对机械设备进行保养的依据。保养计划按月编制。为了协调机械设备的生产时间和停机保养时间，应将保养计划作为施工生产计划的一个组成部分，在下达施工生产计划时同时下达机械设备保养计划。

保养计划的编制方法是：由机械使用单位机械管理部门在每月前根据机械设备运转记录计算出每台机械设备当月应进行的保养级别和保养次数，并查明必须同时进行小修的项目，然后编制月度机械设备保养作业进度计划表。

保养计划的内容包括保养级别、作业日程、占用台日等。保养计划进度表编制后，应与生产计划部门提出的当月需用机械设备情况协调，经批准后纳入月度施工生产计划实施。一般保养费用直接摊入当月成本。

在保养计划的实施中应注意：停机保养一律以机械管理部门下达的保养任务单为准，不得随意提前或推迟停机保养日期；如因生产任务急需而必须推迟执行保养计划时，则应经机械主管领导同意，推迟时间一般不得超过规定保养周期的10%；日常保养和一级保养一般不列入保养计划，但必须加强对日常保养和一级保养质量的检查和监督；对于一、二级保养应尽量按排在施工间歇时间或非生产作业时间进行；保养任务完成后，要认真填写保养记录，对于二级以上的保养，还应由机械管理部门及时审查保养记录，并归入机械技术档案。

正确组织机械设备的定期保养作业，是缩短停修时间、提高机械设备完好率和利用率的有力保证。为使保养工作组织得更好，维修部门应合理安排劳动组织、严格执行技术检验制度、不断完善保养机具和保养工艺，以提高工效，确保质量，降低消耗。

三、大修理计划的编制与实施

由于大修理作业工作量大、停机时间长，而且需要一定的物资准备，所以大修理计划应分别编制预计性的年度大修理计划、调整性的季度大修理计划和实施性的月度大修理计划。

年度大修理计划编制的目的是掌握全年机械设备大修理量，统筹安排全年修理力量，编制年度材料与配件的供应储备计划等。年度大修理计划由公司机械管理部门统一编制。季度大修理计划是年度大修理计划的季度落实，根据施工生产任务和机械设备本身情况，将机械设备的送修时间确定到季度。月度大修理计划是实施性作业计划，机械设备的使用单位必须按照计划规定日期将机械设备按时送修。

目前，有些单位只编制年度大修理计划和月度大修理计划，而不编制季度大修理计划。

第八节　机械设备的技术档案管理

一台机械设备，在其整个寿命周期内，有一系列具有财务依据性及技术参考性的单据、数据、文字记录、图样、计算书等文件资料，这些都是机械管理工作的主要依据。把这些资料集中保存与系统管理就成为机械设备的技术档案。

一、技术档案的主要作用

技术档案是机械设备整个寿命周期全过程的历史性记录。它的主要作用是：

1）根据实际使用情况，核查主要装备管理措施的正确性，总结经验，吸取教训，逐步提高装备管理水平。

2）为正确使用、维修、培训、改造等提供技术资料。

3）反映机械设备使用性能、技术状况的变化情况，为充分发挥机械设备效能，编制各种计划（机械使用计划、保修计划、配件计划等）及进行大、中、修技术鉴定，事故分析等提供可靠的依据。

4）为调拨、转让提供技术、财务依据。

二、技术档案的具体内容

并不是所有的有关机械设备的记录、数据均列入技术档案的内容，只有那些具有单机针对性以及有查阅参考价值的技术数据资料才能成为技术档案的一个组成部分。以内燃机为例，每次检修时的曲轴修磨尺寸、搪缸尺寸等数据应详作记录，列入档案，但一些正常替换件的更换就没有技术参考价值，不能列为档案内容。机械设备全面综合管理在技术档案工作方面的反映主要体现在下面两点上：

1）对购进或调进的机械设备，必须把经过批准的“机械购（调）申请单”列为技术档案的必备内容，作为以后核查，追究责任的依据。

2）对自制自改设备，从方案选择、具体设计到试制及测试鉴定等先天性技术资料均全部整理归档。

技术档案的具体内容可以分为原始性资料与积累性资料两大部分。

1. 原始性资料

1）新增机械设备必要性审查计算书及购调申请单。

2）自制自改机械设备方案论证、技术设计（主要是计算书及图样）、试制总结、试运转测试记录及技术鉴定等。

3）随机原始资料，如合格证、出厂试验记录及文件（大型机械甚至还有主要结构或零部件的材质化验单等）、使用说明书、维修说明书、随机附具附件清单、易损零件图册、配件编号目录等。如果是旧机调拨，也应从调出单位接收上述资料。

4）设备进厂（场）试验验收记录、安装调试总结、接交清单及有关手续签署文件。

5）有条件收集到的部分或全套加工装配图样等。

6）其他具有长期参考价值的静态技术数据资料。

2. 积累性资料

1）设备运行、消耗等分期总结分析资料。

2）历次大（中）修记录、修竣验收单、大（中）修费用核销清单等检修资料。

3）机械事故记录分析、处理经过。

4）设备检查评比记录资料。

5）关于机械结构、个别零部件材质改变、代用等局部技术变更资料。

6）其他在使用、维修过程中发生的有保存参考价值的资料。

三、技术档案的管理

技术档案的管理是档案能否正常发挥作用的关键，它要达到以下几个目的：

1）资料完整、齐全、精干、高质、保存完好。

2）凡属积累性资料，必须及时补充、更新。一旦积累性资料出现遗漏、陈旧、脱离现实情况现象，将失去指导作用。

3）技术档案的管理要以方便使用为原则，以充分发挥其作用。

为此，在技术档案管理上应遵循以下原则：

1）要适当缩小建档范围，以利于集中精力提高管理水平。当前一个较为普遍的问题是不问具体对象，一律建立档案，例如一些以金属结构件及替换件为主体的机械设备，如胶带输送机等也建档，一些技术档案往往除了几个生产性能、规格型号等数据外，其余一片空白，这是没有必要的。应该由主管技术负责人根据需要核定建档机械设备清单。一般来说以内燃机为动力的大、中型机械及以电动机为动力的结构复杂的大型设备应建档。

2）技术档案要实行双重管理，除了由专人负责保管、正确填写等业务性工作外，还要由主管技术员（或工程师）分类负责分管机械技术资料的及时补充、更新并定期检查技术档案的填写质量。机管部门应每半年一次组织技术档案的检查与分析工作，保证技术档案质量及总结变化规律，改进管理工作。

3）凡是拥有多台同规格的机械设备，不必将说明书、操作规程、维修手册等共性资料每档保存一份，以致操作工人与现场反而得不到使用。像这类资料在同类档案中只需保存一、两份即可，其余部分应放手外借，方便使用。即使由于现场使用而招致部分磨耗损蚀，也比只管不用为好。

4）技术档案只有在设备调出时才调出建制单位，平时应始终保存在机管部门。一般规定在设备大修时要随机进厂。实践证明，这样做弊多利少，因为即使在大修时，所需要参考的也只是少量几个数据，如果全部档案随机入厂，最容易发生丢失污损现象。

四、技术档案的简化形式——机械履历书

基层使用单位的机管部门或机管人员，采用技术档案的简化形式——机械履历书，进行管理。机械履历书的内容与要求为：

1）机械规格说明：由机管部门于建立履历书时一次填登。

2）随机工具及附属装置记录：由机管部门登记，机长（保管人）签章认可，有变动时随时登记签认。

3）交接记录：在每次变更使用单位或保管人，办清交接手续后填登，由交接双方及监交人签章。

4）运转记录：由机管部门或机管人员根据班运转记录按月填写一次。

5）小修保养记录：由机管部门根据保修任务单，按月填写一次。

6）修理记录：每次大（中）修时，由承修单位提供必要数据，由主管人员摘要填写。

7）事故登记：由机务部门根据事故报告摘要填登。

8）变更装置记录：于变更装置后由机管部门填登。

9）检验记录：机械进行技术检验时，由检验负责人填登。

10）其他基层使用单位机务部门认为必须填登的内容。

复习与思考题

1. 说明工程机械管理的意义、任务与内容。
2. 简述机械设备管理的责任制。
3. 评价机械设备管理水平的主要技术经济指标有哪些？
4. 机械设备合理装备的结构特征有哪些？
5. 简述机械设备的资产管理的内容。
6. 机械设备的选型、购置需要注意哪些方面？
7. 机械设备技术档案主要包括哪些内容？
8. 什么是折旧基金？它的作用是什么？
9. 机械设备的使用管理主要包括哪些内容？
10. 分别说明机械设备的更新和改造方式有哪些。
11. 什么是机械设备的自然寿命、技术寿命、经济寿命和折旧寿命？
12. 简述机械设备的安全管理的内容。
13. 简述机械设备的的两种维修制度。
14. 说明机械设备技术档案的主要作用。
15. 说明机械设备技术档案的具体内容有哪些。

参考文献

[1] 陈冠国．机械设备维修［M］．北京：机械工业出版社，2004.
[2] 许安，崔崇学．工程机械维修［M］．北京：人民交通出版社，2004.
[3] 杜海若．工程机械概论［M］．成都：西南交通大学出版社，2004.
[4] 张树强．汽车理论［M］．合肥：安徽科学技术出版社，2000.
[5] 建设部人事教育司．推土铲运机驾驶员（技师）［M］．北京：中国建筑工业出版社，2005.
[6] 杨益明．汽车使用性能与检测［M］．北京：人民交通出版社，2002.
[7] 吴国进．公路养护机械设备与管理［M］．北京：人民交通出版社，2003.
[8] 高忠民．工程机械使用与维修［M］．北京：金盾出版社，2002.
[9] 郁录平．工程机械底盘设计［M］．北京：人民交通出版社，2004.
[10] 秦四成．工程机械设计［M］．北京：科学出版社，2003.
[11] 高秀华，等．工程机械结构与维护检修技术［M］．北京：化学工业出版社，2003.
[12] 杨柏青，王风军，等．汽车使用与技术管理［M］．北京：北京大学出版社，2005.
[13] 周建钊．底盘结构与原理［M］．北京：国防工业出版社，2006.